LES

RUPELMONDE A VERSAILLES

LA SOCIÉTÉ AU XVIIIᵉ SIÈCLE

LES RUPELMONDE A VERSAILLES

1685-1784

Par le Comte Charles de VILLERMONT

PARIS

LIBRAIRIE ACADÉMIQUE DIDIER

PERRIN ET Cⁱᵉ, LIBRAIRES-ÉDITEURS,

35, QUAI DES GRANDS-AUGUSTINS, 35

1905

AVANT PROPOS

Ce livre est né d'une historiette de Saint-Simon, si romanesque que l'envie nous est venue d'en examiner la vérité. Ces recherches nous ont convaincu de la fausseté des allégations du noble Duc. Mais nous nous sommes trouvés en face d'une famille qu'il nous a semblé intéressant de faire revivre.

Les circonstances, plus que le mérite, ont peut-être fait défaut aux Rupelmonde pour jouer un des premiers rôles. Les deux comtes, tués jeunes à l'ennemi, ont été des officiers de valeur. Des deux dames, l'une a tenu sa place sous la Régence parmi les femmes d'esprit et à succès, l'autre a laissé le souvenir d'une sainte.

Ils sont venus de Belgique à Versailles à la suite de l'avènement de Philippe V au trône espagnol ; c'est la seule famille belge qui ait suivi la fortune des Bourbons et cela même leur crée, nous semble-t-il, une situation à part. Ils ont voulu, en mêlant leur sang au sang le plus aristocratique de France, fonder une maison également considérable dans les deux pays et réaliser, dans un cas particulier, l'union que Louis XIV venait de former entre les deux États naguère rivaux.

Là encore l'événement trompa leurs calculs. Mais leur tentative n'en méritait pas moins d'être signalée. Elle a valu à la France un bon et loyal serviteur.

Outre les sources dont la liste suit, M. le vicomte Vilain XIIII a bien voulu nous ouvrir les archives de son château de Wissekercke, l'ancienne possession des Rupelmonde. Nous sommes heureux de lui exprimer ici nos sincères remercîments.

Boussu-en-Fagne, le 12 Juin 1904.

LISTE DES OUVRAGES CONSULTÉS

Mémoires de Saint-Simon, édition Boilisle.

Journal du marquis de Sourches.

Journal du marquis de Dangeau.

Journal du duc de Luynes, édité par MM. Dussieux et Soulié.

Archives du Ministère de la Guerre. Dépôt général.

Archives du Ministère des Affaires étrangères.

Gazette de France.

Lettres du XVIIe et du XVIIIe siècle, publiées par **M. Eugène Asse.** Paris, Charpentier, 1878.

Mercure galant.

Journal historique du voyage de S. A. S. Mlle de Clermont, par le chevalier Daudet.

Voltaire et la Société du XVIIIe siècle, par G. Desnoireterres.

Écrits inédits de Saint-Simon, publiés par M. Faugère. Hachette. 1881.

La reine Marie Leczinska, par Mme d'Armaillé.

Œuvres complètes de Voltaire, édition Moland.

Voltaire. Particularités curieuses de sa vie et de sa mort, par Élie Harel. Paris, Le Clerc, 1817.

La vie et les œuvres de Voltaire, par M ***. Duvernet, Genève, 1786.

Registre de l'état-civil d'Anvers.

Histoire de Mgr le duc de Vendosme, par le chevalier de Bellerive. Paris, Prault, 1715.

Campagnes de M. le Maréchal, duc de Coigny, en Allemagne, l'an 1743. Amsterdam, 1761.

Lettres de Mme de Sévigné. **Edition Monmerque.**

Campagne de M. le Maréchal duc de Noailles en Allemagne. Amsterdam, 1760.

Campagne de M. le Maréchal de Broglie en Bohême et en Bavière. Amsterdam, 1773.

Mémoires du Maréchal de Villars, publiés par le marquis de Vogué. Paris, Laurens, 1892.

Chansonnier dit de Maurepas.

Histoire de la guerre de mil sept cent quarante et un, par Voltaire. Amsterdam, 1755.

Chronologie historique-militaire, par M. Pinart. Paris, Hérissant, 1764.

Histoire des Gardes Wallonnes, par le baron Guillaume.

Généalogie de la Maison de Recourt. Reims, Piérard, 1783.

Fonds Gœthals et Bibliothèque héraldique, à Bruxelles.

Nouveaux mémoires du Maréchal duc de Richelieu. Paris, Dentu, 1869.

Discours sur la prise d'habit de Mme la comtesse de Rupelmonde. Paris, Le Mercier, 1752.

Journal de Barbier. Paris, G. Charpentier, 1885.

Journal de Matthieu Marais.

Histoire générale de la Société des Missions étrangères, par A. Launay. Paris, Tequi, 1894.

Histoire et généalogie de la Maison de Gramont. Paris, Schlesinger, 1874.

Lettre circulaire écrite à l'occasion de la mort de Mme la comtesse de Rupelmonde. 2e édition. Avignon, Guillot, 1787.

Chroniques de l'Ordre des Carmélites. Troyes, Bertrand, 1865.

LES
RUPELMONDE A VERSAILLES

CHAPITRE PREMIER

LES LENS DE RECOURT DE LICQUES

« Mme d'Alègre maria sa fille à Rupelmonde ;
» elle donna son gendre pour un grand sei-
» gneur... Le Roi, lassé des lettres de Ma-
» dame d'Alègre qui exaltait sans cesse les
» grandeurs de son gendre, chargea Torcy
» de savoir par preuves qui était ce M. de Ru-
» pelmonde. Les informations lui arrivèrent,
» prouvées en bonne forme qui démontrent
» que le père de ce gendre de Mme d'Alègre,
» après avoir travaillé de sa main aux forges
» de la véritable dame de Rupelmonde, en
» était devenu facteur, puis maître, s'y était
» enrichi, en avait ruiné les possesseurs, et
» était devenu seigneur de leurs biens et de
» leurs terres en leur place. Torcy me l'a

1

» conté longtemps depuis, en propres termes ;
» mais l'avis était venu trop tard ; le Roi ne
» voulut pas faire un éclat. »

Ainsi s'exprime Saint-Simon à la date de
janvier 1705 [1], et son récit qu'il a déjà donné
en addition au journal de Dangeau, a toute
la saveur d'un roman-feuilleton. On peut
même s'étonner qu'un si merveilleux canevas,
qui a sur beaucoup d'autres la supériorité
d'avoir été vécu, n'ait encore été mis à con-
tribution par aucun des spécialistes du genre.

Quant aux « informations en bonne forme »,
il ne faut point aller les chercher au dépôt
du Ministère des affaires étrangères à Paris :
elles n'y existent pas. Faut-il en conclure
que, poussant jusqu'au bout la compassion et
la charité, Louis XIV ait fait disparaître les
preuves de l'infamie de Rupelmonde et que,
sans une coupable indiscrétion de Torcy,
elle serait restée à jamais secrète ?

Ou n'est-il pas plus vrai de penser que
ces fameuses informations n'ont jamais existé
que dans l'imagination malveillante de Saint-
Simon ?

1. *Mémoires de Saint-Simon,* édition Boislisle T. XII.

C'est à peu près la conclusion de l'enquête qu'après avoir lu Saint-Simon, nous avons entreprise sur les origines du gendre de Mme d'Alègre et dont nous allons mettre les éléments sous les yeux du lecteur.

La famille de Lens qui recueillit, au cours du moyen âge, la succession des seigneurs de Licques et de ceux de Recourt, est incontestablement l'une des plus anciennes de l'Artois. Elle tirait son nom de la petite place forte dont ses chefs furent, durant des siècles, les châtelains.

Assurément, je ne ferai pas miennes les assertions de ce généalogiste à gages, qui, entreprenant la généalogie des Lens, écrivait — en quel style ! — à l'un d'eux : « A » celle fin, Monseigneur, qu'il vous plaise » entendre et veoir que les seigneurs de » Recourt sont descendus et issus du Che- » vallier au signe (sic) et pour vous donner » à cognoistre, il est vray que quand Gode- » froy de Buillon s'en alla en Hierusalem » vendit la terre et seigneurie de Lens et ne » restoit que la chastellenie dudict Lens, » laquelle il laissa à Madame Ide, sa mère, » pour son douaire... et mourut laditte dame

» Ide dedans Lens sur la motte de laditte
» châtellenie et, après la mort de la dicte
» dame Ide, succéda à ladicte châtellenie le
» seigneur de Recourt. Et depuis ce dict
» temps n'ont été separez ledit de Recourt
» et Lens et depuis ce dict temps les sei-
» gneurs *de Recourt ont toujours porté les*
» *armes de Recourt et Lens escartellées* [1]. »

Je dirai, au contraire, combien ont été
regrettables ces pratiques peu honnêtes du
XVIIe siècle, cherchant à substituer à des filia-
tions honorables, souvent même antiques
— comme c'était le cas pour les Lens de
Recourt — des origines fantaisistes, mais
qui, en rattachant les clients des généalo-
gistes à quelque ancêtre fabuleux, flattaient
leur vanité. Sans tromper personne, ils ont
falsifié, embrouillé ou fait disparaître les
vrais titres de la famille.

Mais c'était la mode du temps — c'est une
faiblesse qui se rencontre encore en pleine
démocratie — et ce que les Lens firent pour
se rattacher à Godefroid de Bouillon et aux
comtes de Boulogne, les Saint-Simon le pra-

---

1. Bibliothèque Héraldique Minist. des Affaires Etrangères.
Bruxelles. Mns. 57.

tiquaient pour se rattacher à Hugues le
Grand et aux anciens comtes de Vermandois.

A une époque pourtant où les Rouveroy
de Saint-Simon étaient encore de forts petits
chevaliers, au temps de Du Guesclin et de
Charles V, Baudouin de Lens, sire d'Anne-
quin, était grand maître des arbalétriers.
Il fut tué en 1364 à la bataille de Cocherel.

Quelques années plus tard, le représentant
d'une autre branche, Charles de Lens,
vicomte de Beauvais, fut revêtu d'une autre
grande charge de la couronne de France,
celle d'amiral. Il périt avec son protecteur,
le duc Jean Sans-Peur, au pont de Montereau en 1419.

A la fin du xvi⁰ siècle, la maison de Lens
avait pour chef de nom et d'armes, un petit-
neveu de l'amiral, Philippe, châtelain de Lens,
seigneur de Recourt, Licques et Steenfort. Il
s'était distingué dans les guerres contre la
France et avait reçu en récompense, de
Philippe II, le gouvernement de Cambrai et
du Cambrésis. Il mourut en 1588 et fut
inhumé aux Cordeliers de Bruxelles [1]. De

---

1. Une branche cadette possédait la seigneurie de Blendecques qui fut érigée en comté en 1664. Elle était alors

son mariage avec Jeanne de Witthem, il laissait deux fils et une fille mariée à Jacques de Langlée. L'aîné des fils, Gabriel, succéda à son père dans la baronnie de Licques et les biens de sa maison, épousa Hélène de Mérode, fille de Jean, baron de Morialmez et fut la tige des barons et marquis de Licques.

Son cadet, Philippe, prit du service dans l'armée espagnole, obtint un brevet de colonel et eut en partage la seigneurie de Steenfort. Il épousa, par contrat du 9 décembre 1590, Marguerite de Steelant, fille et héritière de Servais, baron de Wissekercke. Fixé par ce mariage dans le pays de Waes, il acquit tout contre les terres de sa femme, la charge de châtelain du bourg fortifié de Rupelmonde, et comme des lettres du 7 octobre 1603 lui conférèrent encore celle de grand bailli du pays de Waes, Philippe de Recourt

représentée par François de Licques de Lens, comte de Blendecques, né en 1625 et marié à Eléonore-Philippine de Houchain, fille de Philippe, seigneur de Longastre et d'Ernestine de Gavre. Leur fils Gilles-Othon-François, second comte de Blendecques, épousa Eugénie-Françoise Spinola, sœur de **Jean-Baptiste, prince de Vergagne. On voit que les alliances de cette grande branche étaient également illustres.**

se trouva le plus riche et le plus puissant seigneur de cette partie de la Flandre. Aussi obtint-il tout naturellement de nouvelles lettres qui, le 7 juillet 1630, érigeaient en baronnie « pour lui et ses hoirs à perpétuité » la seigneurie de Wissekercke.

Le nouveau baron mourut le 17 octobre 1635, laissant deux fils : le cadet Nicolas succéda à son père dans la charge de châtelain de Rupelmonde et mourut sans enfants de son union avec sa cousine Jacqueline-Suzanne de Licques, fille de Philippe, marquis de Licques, gouverneur de Bourbourg et gentilhomme de bouche de l'archiduc Albert, et petite-fille du baron Gabriel.

L'aîné Servais avait, comme son père, commencé par servir dans l'armée espagnole. Il avait été capitaine d'une compagnie d'infanterie wallonne, et les archives de Wissekercke gardent encore le brevet d'« exemption sur vin, bière et pareilles choses » qu'il obtint, en cette qualité, de l'infante Isabelle, le 27 mars 1628. Il revint peu après, vivre auprès de son père qui se démit en sa faveur de la charge de grand bailli du Pays de Waes. Servais **prêta serment en cette qualité en 1631.**

Par contrat du 20 septembre 1624, il avait
épousé Marguerite de Robles, fille de Jean,
comte d'Annapes, et mourut le 1ᵉʳ février
1639. Il laissait deux enfants mineurs : un
fils, Philippe, une fille, Aurélie, qui épousa
successivement Guillaume de la Khéthulle,
seigneur d'Haverie, Assche et Everstein,
colonel espagnol, et Alexandre de Colins,
seigneur de la vicomté d'Aherée, dit le comte
de Colins.

On le voit, jusqu'à Servais, toutes les
alliances des Lens sont, à part cette dernière, prises dans la vieille noblesse de
l'Artois et des Pays-Bas. Clairambault montrait donc une étonnante ignorance des
familles de ces pays-là quand, dans une note
sur laquelle nous aurons à revenir, il écrivait : « Il faut que l'illustration et la gran-
» deur de cette maison aient été bien cachées
» de tout temps ; étant aussy grands sei-
» gneurs qu'ils le disent, il serait fort éton-
» nant qu'on n'ait pas entendu parler d'eux
» avant le mariage de feu M. de Rupelmonde
» avec Mᵐᵉ de Rupelmonde douairière, qui
» est fille du comte Valveck et d'une fille
» d'Aremberg qui est ce qui l'a mis dans un

» certain monde et l'a aparenté à beaucoup
» de grands seigneurs de Flandre. »

Le 11 juillet 1654, Philippe IV signait à
Madrid des lettres par lesquelles « comme
» pour satisfaire, disait-il, aux frais très
» excessifs que nous sommes contraincts de
» supporter à cause des onéreuses guerres
» d'à présent contre nos ennemis français,
» il nous est impossible de trouver des
» moyens suffisants par le revenu de nos
» domaines, aydes, etc. », il autorisait «Notre
» fils don Jean d'Austrice, grand prieur de
» Castille, lieutenant gouverneur et capitaine
» général des Pays-Bas à procéder à notre
» moindre dommage et plus grand prouffict
» à la vente absolutte d'aucunes parties de
» nos domaines, entre autres de la ville,
» terre, château et seigneurie de Rupelmonde,
» comprins le fond d'iceluy, avec haulte,
» moyenne et basse justice et jurisdiction,
» telle que nous y avons, sans toutefois y
» comprendre le son de cloche, aide, sub-
» side, relief, légitimations, remissions,
» octroys, tant d'eauwe que de vents, confis-
» cation à cause de rebellion, réservée aussy
» **toutes sortes de minéraux... »**

En conséquence, le chef trésorier d'Espagne à Bruxelles mit en vente « à trois coups de baston » la seigneurie de Rupelmonde et elle fut adjugée « au troisième coup », le 9 avril 1658, au « plus offrant et dernier enchérisseur, » Philippe de Lens, baron de Wissekercke, moyennant trente et une mille livres de quarante gros de Flandre. La seigneurie restait mouvante de la cour de Flandre et lui devait annuellement à titre d'hommage féodal, un chapon.

Sanderus nous a conservé un croquis du château de Rupelmonde tel qu'il existait alors : c'était un vaste quadrilatère entouré de larges fossés et flanqué de dix-sept tours, saillant de distance en distance. Ni fenêtre, ni meurtrière, n'égayaient la haute masse de pierre, qui dressait sa silhouette rébarbative, vis-à-vis du confluent des eaux limoneuses de l'Escaut et du Rupel. Ses fondements avaient été jetés dès l'époque romaine. Plus tard les comtes de Flandre y avaient passé et l'on voyait encore la vaste *Gavenzaal*, avec ses gros piliers où Marguerite d'Avesnes avait tenu sa cour ; la nef qui l'amenait de Gand pénétrait dans les fossés et la déposait à l'entrée de la grande salle. Mais c'étaient plutôt des souvenirs sinistres qui voltigeaient autour des vieilles murailles. Sur le pavé de la cour, le plus noble sang des Flandres avait coulé : celui de Bouchard d'Avesnes et de Zeger de Courtrai décapités, l'un en 1219, l'autre en 1337, celui du châtelain Jean de Vilain, assassiné en 1316. Jusqu'en 1647, l'antique forteresse avait servi de prison à tous les malandrins du pays de Waes ; les archives du pays gardent un arrêt rendu contre un prêtre apostat qui, en 1574, pour sortir de prison, ne trouva rien de mieux que d'y mettre le feu. Par une rarissime exception, il n'entrait dans la bâtisse de bois que pour les portes, et le prisonnier ne fit qu'aggraver son cas et sa captivité. Ainsi, la hautaine construction qui découpait ses créneaux sur le ciel bas du pays, se profilait avec quelque chose d'implacable et d'intangible. Et les saules, qui encore aujourd'hui secouent au vent leurs crinières argentées sur les digues environnantes, faisaient à la vieille forteresse un accompagnement lugubre et sinistre.

Le baron de Wissekercke né jouit pas

longtemps de sa nouvelle acquisition. Il
mourut dans l'été de 1659, en pleine fleur
de l'âge, d'une manière bien douloureuse à
en juger par la lettre qu'adressait à sa veuve,
Mme de la Hamayde, née Marie de Licques :
« C'est avecq un indiscible regret que j'ay
» apprins la sensible perte que vous avez
» faict de Monsieur votre mary, mon très
» cher nepveu, que je veux espérer après
» une si cruelle maladie et vray résignation
» dans la volonté de Dieu, il aurat reçu la
» récompense au Ciel, mais comme le juge-
» ment de Dieu est tout différent à celui des
» hommes, je ne manqueray pas de contri-
» buer par mes prières et celles de mes
» enffants pour le soulagement de son
» âme [1].»

La baronne de Wissekercke, à qui Mme de
la Hamayde s'adressait en ces termes affectueux, était Madeleine de Smits, dite de
Bærlandt, mariée depuis quatre ans à peine

1. Henripont. Octobre 1659. Archives de Wissekercke. —
Marie de Licques, fille de Philippe et de Marguerite de Stee-
lant, avait épousé Jean-Charles de la Hamayde, seigneur de
Chereu, Héripon et Trivières, fils de Charles, seigneur de
Chereu, Longchamps, Fontaines et Trivières et de Marie de
Wiltz, ci-devant chanoinesse de Maubeuge.

et mère d'un fils au berceau. Elle était fille
de Jacques Smits et, suivant le manuscrit
déjà cité de Clairambault, « fille d'un marchand de Rotterdam ou d'Amsterdam fort
riche ». Les deux villes ne sont pas très
proches l'une de l'autre et pour le bon renom
de sa probité de généalogiste, Clairambault
eut dû tenir à éclaircir dans laquelle des
deux Jacques Smits avait sa maison de
commerce. Cette affirmation à la fois si tran-
chante et si vague, est la preuve de la légè-
reté avec laquelle ces auteurs si prisés
admettaient certaines assertions, quand il
s'agissait d'étrangers. Un point sur lequel tout
le monde est d'accord, c'est que Jacques de
Baerlandt était fort riche ; sa fille porta aux
Lens quantité de grands biens en Zélande, les
seigneuries de Baerlandt, Diericxland, Over-
sant, Bakendorp, Hongersdyck, etc., dont
Clairambault évalue le revenu à 20.000 livres,
mais dont l'opinion générale portait infiniment plus haut le rapport. Il est également
certain que Jacques Smits se servait d'armes, qui furent insérées au Wapenskaart de
la province, écartelé aux 1 et 4 de gueules
au sanglier rampant d'or, aux 2 et 3 d'azur à

3 canettes d'argent. Il paraît avoir été fils d'au
tre Jacques Smits, seigneur des mêmes lieux
et d'Anne de Bourgogne [1]. Sa sœur, Catherine, avait épousé Jacques de Wachtendouck,
bailli de Middelbourg, d'une vieille famille
zélandaise. On le voit, les alliances des
Smits, sans être illustres, étaient bonnes ;
qu'avec cela, ils se soient livrés au commerce, c'est bien possible ; mais cette profession ne les mettait pas dans une plus
mauvaise position que les autres familles
nobles des Provinces-Unies : après la séparation des Pays-Bas, plus aucune disposition ne
régla le statut nobiliaire dans la nouvelle république, et nobles anciens, comme bons bourgeois, cherchèrent fortune dans les profits du
commerce avec les Indes, sans qu'aucune
déchéance, ni déconsidération s'attachât dans
une république marchande, à leur négoce.

Du mariage de Philippe de Lens avec
Madeleine de Baerlandt un fils unique était
né, nommé Philippe-Maximilien.

---

1. Anne de Bourgogne était elle-même fille de Philippe,
(fils légitimé d'Adolphe de Bourgogne, seigneur de Beveren,
la Vère, etc., amiral de Flandre) et de Jeanne de Hesdin, fille
de Jean, seigneur de Beyghem.

En 1671, celui-ci obtint de Charles II l'érection en comté de sa terre de Rupelmonde; cette érection lui donnait un titre brillant en rapport avec sa grosse fortune et qui lui permettait d'aspirer à un parti considérable. C'est ainsi qu'il épousa Marie-Anne-Eusébie, comtesse Truchsess de Waldbourg-Walfegg-Waldsee, fille du comte Maximilien-Willibald, chambellan de S. M. l'empereur, et d'Isabelle-Claire, princesse d'Aremberg. Par son père, la nouvelle comtesse appartenait à une des plus vieilles familles d'Allemagne, écuyers tranchants — truchsess — héréditaires de l'empereur. Sa mère était fille de Philippe d'Aremberg, duc d'Aerschot et de Claire-Isabelle de Berlaymont, sa seconde femme, et sœur de Philippe-François duc d'Aerschot après son père, de Marguerite-Alexandrine, mariée à Eugène de Montmorency, prince de Robecq et de Jeanne-Ernestine-Françoise, femme d'Alexandre - Hippolyte - Balthazar, prince et duc de Bournonville.

Telle est l'union qui, selon le mot de Clairambault, est « ce qui mit M. de Rupelmonde d'un certain monde et l'a apparenté à plusieurs grands seigneurs de Flandre. » Mais n'oublions pas que c'est ce même homme, que Saint-Simon nous dit avoir été facteur et avoir dépouillé de si malhonnête façon la vraie dame de Rupelmonde. Également malveillantes, les deux versions se détruisent : car si la version de Saint-Simon était la vraie, comment admettre que le roi d'Espagne eût fait un comte d'un pareil malandrin et que tous ces seigneurs qui habitaient sur les lieux n'aient rien su de ce que Torcy réussissait bien à apprendre plus tard, l'aient ignoré alors que cette élévation scandaleuse devait être toute récente et des plus rapides puisque le jeune homme n'avait pas vingt-cinq ans, et qu'ils aient laissé faire par ce mariage avec leur fille ou leur nièce, de ce filou digne des galères, le petit-fils du plus grand seigneur des Pays-Bas ?

Est-il nécessaire après cela de faire remarquer combien même dans les détails qui le précisent, le récit de Saint-Simon est inexact ? Jamais ni à Rupelmonde, ni dans le pays de Waes, il n'y a eu de forges. Ni le minerai à couler, ni le bois à brûler dans les hauts fourneaux ne se rencontraient dans ce pays bas et marécageux.

Disons enfin que c'est chez Madeleine de Baerlandt qu'est né le gendre de Mme d'Alègre, qu'elle l'a elle-même présenté aux fonts baptismaux.

En faut-il conclure que Saint-Simon s'est laissé mystifier par M. de Torcy ou qu'il a, par pure méchanceté, fabriqué de toutes pièces cette horrible histoire ? On peut croire que, par l'une ou l'autre voie, le ministre de Louis XIV avait appris comment, avant de porter haut leur titre de comte, les Recourt avaient été à Rupelmonde les représentants et les serviteurs du roi d'Espagne. Il connaissait le goût du duc pour ces menues médisances ; il lui aura conté le trait avec quelque malice et Saint-Simon lui aura donné son dernier tour, et cela d'autant plus aisément qu'il avait une rédaction toute prête — et ceci n'ôte-t-il pas encore de la valeur à son témoignage ? — qui avait servi en termes identiques pour le comte de Mortagne, un autre« médiocre Flamand » arrivé à Versailles vers ce temps-là.

Voilà qui montre une fois de plus avec quelle prudence, lors même qu'il se réclame des meilleures garanties, les affirmations du noble duc doivent être accueillies.

C'est de Philippe-Maximilien que datent les prétentions des Lens de Recourt à descendre des comtes de Boulogne ; nous le voyons préoccupé sans cesse de substituer à son vieux nom, ce fastueux « de Boulogne ». Il ne jouit au reste pas longtemps de sa grosse fortune et de ses nobles parentés : il mourut le 28 août 1682 et fut enterré à Rupelmonde. Il laissait deux fils : Jean-Eustache qui relève en 1685, à la mort de sa grand'mère paternelle [1], quinze verges de terre dépendant de 'Sheerabskerk et provenant de la famille Smits. Jean-Eustache mourut probablement fort jeune, car les généalogies ne le mentionnent même pas et, l'année suivante, relief du même fief fut fait par son frère Maximilien - Philippe - Joseph - Eugène. Celui-ci était né à Anvers dans la maison de sa grand'mère, la baronne de Wissekercke. Il fut baptisé à Saint-Jacques le 10

---

1. Jean-Eustache ne figure dans aucune généalogie de la maison de Lens de Licques. Il mourut très jeune. La facilité avec laquelle ces deux jeunes gens ont succédé à leur grand'-mère, sans aucune opposition ni du fisc, ni de collatéraux prouve qu'en Flandre, où il la place, l'historiette de Saint-Simon est absolument ignorée.

janvier 1684 et tenu sur les fonts baptismaux
par Charles Charlé, prêtre, au nom du comte
Maximilien-François de Wolfegg, son grand-
père maternel, et par la baronne de Wissekercke, née de Baerlandt, sa grand'mère
paternelle, au nom de Marie-Madeleine de
Borgia, duchesse douairière d'Aerschot, sa
grand'tante maternelle.

Avec ses belles parentés, la comtesse Eusébie n'avait guère apporté de bien à son
mari. Une rente de 625 florins à charge de
la maison d'Aremberg, que son petit-fils possédait encore en 1735, mais dont les arré-
rages avaient quelque retard, semble avoir
été le plus clair de son apport. Mais elle
avait mieux qu'une grosse fortune : de l'é-
nergie, du bon sens, de la perspicacité. Elle
eut tout le loisir et toute la latitude de dé-
velopper ces qualités dans une si longue et
si lourde tutelle. En ayant la responsabilité,
elle entendait n'en partager la charge avec
personne et l'un de ses premiers soins fut
d'évincer le comte de Groesbeeck, qu'on
lui avait adjoint dans la tutelle. Elle se con-
sacra dès lors toute entière à l'éducation de
son fils, et à l'administration de cette fortune

à cheval sur les deux pays. Les archives de Wissekercke renferment encore les pièces des procès qu'elle soutint, les traces de ses démêlés avec tel intendant de nom ronflant, mais de conscience accommodante. Il faisait le matamore, écrivait des lettres de menace, « pleines de vantises ». Mais elle n'était pas femme à se laisser intimider. C'est l'intendant qui eut le dessous.

Dans le sieur Canthals, avocat au grand Conseil de Malines, elle avait trouvé un conseiller plus sérieux et plus loyal. L'assistance qu'il donna à la comtesse Eusébie, nous le verrons la continuer à ses enfants pendant un tiers de siècle.

C'est auprès de cette femme de cœur et d'intelligence, dans la retraite de Wissekercke et en Hollande que grandit le jeune comte de Rupelmonde. Mais sa mère n'avait nullement l'intention de le garder auprès d'elle. Elle reportait sur ce fils les ambitieuses visées que le père n'avait pas eu le temps de réaliser, et en Maximilien-Philippe-Joseph revivaient toutes les aspirations et toutes les vanités paternelles.

Sa mère le lança dans la carrière des

armes. Depuis son grand-père Servais, les
Lens l'avaient abandonnée. Le comte de
Rupelmonde fut émancipé par lettres du
26 janvier 1701; l'année suivante, grâce aux
hautes influences de sa famille, il obtint un
brevet de colonel d'infanterie wallonne.

On était alors en pleine guerre de la succession d'Espagne. Les chances étaient dis-
putées ; mais dans ce pays de Flandre que
depuis cinquante ans les soldats français
avaient tant de fois sillonné en vainqueurs,
le nom de Louis XIV était encore profondément craint : il semblait qu'il fût invincible.
Alors que d'autres hésitaient, cherchaient à
ménager, et la puissance française, et la maison d'Autriche, Mme de Rupelmonde crut habile de donner de suite des gages au nouveau souverain et par une adhésion éclatante
au nouveau régime, de l'intéresser à la fortune de son fils.

Le jeune colonel avait vingt-trois ans : il
était temps qu'il prît femme ; au lieu de la
prendre dans le pays, comme ses pères, sa
mère l'envoya en chercher une à Versailles ;
c'était attirer sur lui, par cette alliance, la
première, depuis la mort de Charles II, en-

tre les noblesses française et flamande, la
bienveillance du grand roi, et en affirmant
sa fidélité à S. M. Catholique, puisqu'il restait à son service, se ménager auprès de S. M.
Très-Chrétienne, de quotidiens appuis.

En partant pour la France, M. de Rupelmonde avait-il plus particulièrement en vue
Mlle d'Alègre? Et comment leur mariage se
fit-il ? L'histoire ne s'en est pas conservée :
mais il emportait dans son porte-manteau,
un consentement en règle signé de sa mère le
25 octobre 1704.

Arrêtons-nous maintenant un moment à la
famille d'Alègre.

CHAPITRE II

LES D'ALÈGRE

Les d'Alègre n'avaient pas les lointaines prétentions des Rupelmonde. Du moins, leur généalogie ne commence-t-elle qu'à Asaily, seigneur de Tourzel, en Auvergne, qui guerroyait contre les Anglais en 1384, sous les ordres du maréchal de Sancerre. Mais tout de suite honneurs et biens affluaient dans sa maison. Morinot, son fils, d'échanson devenu conseiller et chambellan de Jean de France, duc de Berry et dauphin d'Auvergne, entrait au plus intime de la faveur de ce prince qui lui céda ses droits sur les châteaux, terres et seigneuries d'Alègre, Chamels, Saint-Just, Auzels et leurs dépendances. Morinot racheta au comte d'Armagnac les droits indivis qu'il possédait sur ces mêmes seigneuries, et des lettres données par le roi

Charles VI en mai 1393 établirent Morinot leur seul et incontestable possesseur. Plus tard, le duc de Berry vendit encore à son chambellan les seigneuries de Millaut, Viveros et Livrados. Enfin Smaragde de Vichy, sa femme, lui avait apporté en dot la baronnie de Busset et les terres de Vichy et de Saint-Priest. Aussi quand Morinot mourut, en 1418, était-il un des plus riches et des plus puissants barons d'Auvergne.

Un de ses petits-fils, Bertrand, baron de Busset, eut deux filles, toutes deux mariées dans la maison de Bourbon. L'aînée, Marguerite, porta la baronnie de Busset à Pierre, bâtard de Louis de Bourbon, prince-évêque de Liége et fut la tige des comtes de Bourbon-Busset. La seconde, Catherine, épousa Charles de Bourbon, seigneur de Carency.

La descendance masculine de Morinot se continua par l'aîné de ses petits-fils, Jaques, baron d'Alègre, seigneur de Tourzel, Millaud, etc., qui épousa en secondes noces Isabelle de Foix, d'une branche cadette des puissants comtes de Foix. Un de leurs descendants, Yves d'Alègre, se distingua dans les guerres d'Italie et fut gouverneur du du-

ché de Milan et vice-roi de Naples. Un autre
Yves, obtint de Charles IX, en reconnaissance de ses services l'érection de sa baronnie d'Alègre en marquisat.

Ainsi croissait, au cours des siècles, la considération et l'illustration des d'Alègre.

Sous Louis XIV, ce ne sont plus tant les
hautes parentés, ni les grandes alliances qui
font les fortunes politiques : tout dépend
de la protection des ministres. En gens avi-
sés, les d'Alègre se tournent de ce côté. En
1675, l'héritière des grands biens de la maison, la marquise Marie-Marguerite, épouse
le triste fils de Colbert, Seignelay. Trois ans
après, elle mourait en couches et sa riche
succession faisait bientôt retour à son oncle,
le comte Emmanuel d'Alègre.

Celui-ci, de son mariage avec Marie de
Rémond de Modène, fille d'un grand prévôt
de France, n'avait eu que deux enfants : un
fils, Yves, et une fille mariée au duc de Coislin
et morte en 1692 sans postérité.

Le marquis Yves d'Alègre, le père de la
future Mme de Rupelmonde, d'esprit assez
court et d'ambition très vaste, avait fourni,
jeune, une assez brillante carrière militaire

et grâce à ses bons rapports avec Colbert, était vite parvenu au grade de maréchal de camp ; mais son appétit était plus grand et toute sa vie se passa à pousser sa fortune.

En 1679, il avait épousé Jeanne-Françoise de Garaud de Caminade, fille d'un Président au Parlement de Toulouse qui s'intitulait pompeusement seigneur de Donneville, marquis de Miremont, baron de Mauvesin. C'était « une belle femme.... toujours mise à » ravir et magnifique à tout, mais d'esprit » très romanesque, dévote et minaudière à » l'excès [1]. »

Le président de Donneville était riche et donnait à sa fille cent mille écus de dot. Aussi les soupirants avaient-ils été nombreux auprès de la belle toulousaine. On avait vu dans leurs rangs Charles de Sévigné. Mais les bonnes amies de sa mère, Mmes de la Fayette et de Lavardin qui connaissaient la demoiselle, le détournèrent de ce projet.

D'Alègre emporta donc la fille et la dot « cent mille écus bien comptés ». « Mais, » en même temps, écrivait malicieusement

---

1. Saint-Simon. Annotations au journal de Dangeau.

» Mme de Sévigné, on lui a donné la plus folle,
» la plus dissipatrice qu'il soit possible d'ima-
» giner. Après avoir été habillée comme une
» reine, à son mariage par son père, elle a
» jeté encore douze mille francs à un voyage
» qu'elle fit à Fontainebleau ; elle y entra
» dans le carrosse de la reine ; il n'y a pas de
» raillerie, elle donna cinquante pistoles aux
» valets de pied ; elle joua et tout à propor-
» tion. » Les beaux-parents exaspérés firent
leurs plaintes à Mme de Lavardin qui les avait
prévenus, et le mari navré l'emmena dans
ses terres d'Auvergne. La solitude ne la
rendit pas plus économe : elle « s'employa à
» meubler sa maison de campagne des plus
» superbes brocarts d'or en tapisseries et
» en chaises [1]. »

De guerre lasse, on finit pourtant par lui
permettre de revenir à Paris ; mais dans la
retraite, sa tête avait tourné à l'exaltation
religieuse. En une fois « elle mit un rem-
» boursement de deux cent mille francs en
» tableaux de dévotion. » Elle ne bougeait
plus de l'Eglise : on admirait en elle « une

1. Saint-Simon. Annotations au journal de Dangeau.

sainte, l'exemple de toutes les femmes ».
Cela ne lui suffit bientôt plus et elle rêva
d'aller revivre au désert la vie des premiers
anachorètes : un matin du printemps de 1684,
elle quitta son hôtel « à quatre heures du
» matin, avec cinq ou six pistoles et un petit
» laquais ; elle trouva dans le faubourg une
» chaise roulante ; elle monte dedans et s'en
» va à Rouen toute seule, assez barbouillée,
» assez déchirée, de crainte de quelque mau-
» vaise rencontre ; elle arrive à Rouen : elle
» fait son marché de s'embarquer dans un
» vaisseau qui va aux Indes.... c'est où elle
» veut faire pénitence.... cependant on s'aper-
» çoit dans sa maison qu'elle ne revient point
» dîner ; on va aux églises voisines, elle n'y
» est pas ; on croit qu'elle viendra le soir ;
» point de nouvelles ; on commence à s'éton-
» ner ; on demande à ses gens, ils ne savent
» rien ; elle a un petit laquais avec elle, elle
» sera sans doute à Port-Royal-des-Champs,
» elle n'y est pas ; où pourra-t-elle être ? On
» court chez le curé de Saint-Jacques du
» Haut-Pas ; le curé dit qu'il a quitté depuis
» longtemps le ssoin de a conscience et que,
» **la voyant toute pleine de pensées extraor-**

» dinaires et de désirs immodérés de la
» Thébaïde.... il n'a pas voulu se mêler de
» sa conduite ; on ne sait plus à qui avoir
» recours : un jour, deux, trois, six jours ;
» on envoie à quelques ports de mer et, par
» un hasard étrange, on la trouve à Rouen
» sur le point de s'en aller à Dieppe et de
» là au bout du monde. On la prend, on la
» ramène bien joliment. Elle est un peu
» embarrassée [1].

Il y avait de quoi. On comprend si les
bonnes amies s'en donnèrent de dauber sur
la « sainte » et de trompetter son expédition à
leurs correspondants. Mille contes en coururent. Nous avons donné la version de Mme de
Sévigné, qu'elle adressait à son fils pour le
consoler d'avoir manqué les cent mille écus.
D'après Saint-Simon, c'est M. de Coislin,
l'évêque d'Orléans et le frère du duc, qui
rencontra la marquise d'Alègre sur la route
d'Orléans, en train de gagner à pied la
Thébaïde.

Ces quolibets et l'insuccès la dégoûtèrent :
ils résolurent de s'engager à la suite des Pères

---

1. Lettres de Mme de Sévigné.

du désert ? Elle se tint désormais à la maison.
Elle avait, au reste, de quoi s'y occuper, car
le chef de famille, retenu à l'armée, n'y
apparaissait que pour la peupler d'un nouvel
enfant.

M. et Mme d'Alègre eurent, en effet, une
nombreuse postérité : un fils, le comte de
Meillant, tué à la guerre le 5 mai 1705, âgé
de dix-neuf ans et déjà colonel de cavalerie,
et cinq filles, dont les deux dernières,
Emmanuelle et Marguerite-Thérèse paraissent être mortes jeunes.

L'aînée Marie-Thérèse-Delphine-Eustochie,
atteignit sa seizième année en 1696. Le *Mercure de France* la déclare « toute charmante;
» mais son esprit passe encore tous les avan-
» tages du côté de la beauté et il n'y a pas
» de science dont elle n'ait quelque teinture
» jusqu'à n'ignorer pas même la philosophie. »
Peut-être un esprit chagrin verrait-il dans
cet éloge une façon discrète d'insinuer que
la jeune fille ne brillait pas par sa beauté.
En tout cas, sa vie montra qu'étudier la philosophie ne suffit pas pour la pratiquer.

A cet âge, le marquis de Barbezieux, veuf
de Mlle d'Uzès, et cherchant à se remarier,

distingua Mlle d'Alègre. « C'était un homme
» d'une figure frappante, extrêmement agréa-
» ble, fort mâle, avec un visage gracieux et
» aimable et une physionomie forte ; beau-
» coup d'esprit ; personne n'avait autant l'air
» du monde, les manières d'un grand sei-
» gneur tel qu'il eût voulu être, les façons
» les plus polies et, quand il lui plaisait, les
» plus respectueuses, la galanterie la plus
» naturelle et la plus fine, et des grâces
» répandues partout [1]. » Il y avait de quoi
enflammer une jeune fille ; mais ses sentiments étaient la dernière chose dont s'infor-
mât un père noble du temps de Louis XIV.
Barbezieux était le fils et le successeur au
département de la guerre de Louvois. Bien
vu de Mme de Maintenon, doué d'une facilité
incroyable au travail, il était très avant dans
la faveur du roi qui s'imaginait l'avoir formé.

On comprend avec quel empressement les
d'Alègre accueillirent la recherche de cet
espèce de favori et quelles espérances de
fortune ils échafaudèrent sur une si brillante
alliance. Aussi d'Alègre laissa-t-il, cette fois,

---

1. **Mém. de Saint-Simon.**

toute licence à l'imagination et à la prodiga-
lité de sa femme et la noce fit-elle époque :
le *Mercure* déclarait qu'elle avait été d'une
magnificen ce qui ne sepeut exprimer et, bien
des années après, Saint-Simon parlait de
cette fête « somptueuse comme pour l'alliance
d'un prince du sang ».

M. d'Alègre avait dépensé sans compter ;
il pensait bien rattraper son argent d'une
manière ou d'une autre : « il espérait de ce
» mariage sa fortune ; il eut tout le loisir
» de s'en repentir. »

On avait, en effet, compté sans les habitudes volages du jeune mari et ce caractère
« brutal, vindicatif au dernier point, facile à
» se blesser des moindres choses et très diffi-
» cile à en revenir, » héréditaire parmi les
le Tellier. Non que dès l'abord, il maltraitât
sa femme ; au contraire, « il vivait très bien
» avec elle, mais ne voulait pas tomber dans
» le mépris du bel air en n'ayant d'yeux que
» pour elle. » Il se mit donc à tourner autour
de Mlle d'Armagnac, qui était la maîtresse du
duc d'Elbeuf[1] et la lui enleva. Celui-ci per-

1. Henri de Lorraine, duc d'Elbeuf, gouverneur de Picardie,
avait épousé Anne-Charlotte de Rochechouart. Mlle d'Arma-

sonnage assez mal famé, un vrai goujat au
dire de Mme Caylus, en fut outré, et jura de
se venger. Il disait partout en ricanant que
c'était de la part d'un prince lorrain, faire
grand honneur aux le Tellier.

La pauvre petite Mme de Barbezieux, très
éprise, fut désolée de cette infidélité. Comme
elle avait beaucoup de lecture et fort peu
d'expérience, elle n'imagina rien de mieux
pour ramener son mari que de piquer sa
jalousie. M. d'Elbeuf faisait attention à elle;
elle répondit à ses galanteries « s'en requin-
qua », selon le mot de Saint-Simon et « trop
» neuve pour connaître les hommes, s'imagina
» qu'en ne faisant rien de véritablement mal,
» le reste lui était permis et lui serait même
» utile. » D'Elbeuf ne se souciait pas plus
d'elle, qu'elle de lui; il ne voulait qu'une
vengeance et pour l'avoir complète, du bruit,
des aventures, des éclats avec, vis-à-vis de
Barbezieux, « des hauteurs de maître à
valet ». Le mari n'était pas d'humeur endu-

gnac était Charlotte de Lorraine, né le 6 mai 1678, fille de
Louis de Lorraine, comte d'Armagnac, de Charny et de
Brionne, grand écuyer de France, et de Catherine de Neufville-
Villeroy, dame du palais de la Reine.

rante : il se crut bien vite trompé, malmena
sa femme et s'emporta même un jour à la
souffleter. Il donnait à la cour le rare et diver-
tissant spectacle d'un homme qui « se décla-
» rait publiquement c..., en voulait donner
» les preuves, ne le pouvait et n'en était
» cru de personne... »

Sa rage en vint au point que, pour hâter
la séparation, il envoya à son beau-père qui
était alors dans ses terres d'Auvergne, un
courrier le priant de revenir au plus vite.
M. d'Alègre prit la poste tout joyeux, s'attendant à quelque grâce importante. On juge de
sa confusion quand, arrivé à Versailles et
introduit dans le cabinet de Sa Majesté, il
apprend de la bouche royale, le sujet qui l'a
fait mander. Il rentre plein de honte à Paris,
trouve chez lui sa fille malade et, comme le
mari prétend que c'est une feinte, il se fait
délivrer des certificats par le médecin et sollicite, trois jours après, le 6 décembre 1698,
une nouvelle audience. Alors il produit au
roi les certificats, charge son gendre, met le
roi au courant de ses écarts de conduite,
l'accuse d'avoir donné du poison à sa femme.
Affolé de rage, Barbezieux veut qu'on mette

la malheureuse dans un couvent. Les d'Alègre
demandent, au contraire, à la garder chez
eux. « Enfin, dit Saint-Simon, après un fort
» grand vacarme et pour fort peu de chose,
» le roi fort importuné du beau-père et du
» gendre, décida que Mme de Barbezieux
» irait chez son père et sa mère jusqu'à
» entière guérison, après laquelle ils la mène-
» raient dans un couvent en Auvergne. »

Vengé sur le fond, le mari se montra large
sur la question d'intérêt : « M. de Barbezieux,
» écrivait Coulanges, un familier des Louvois,
» à la marquise d'Huxelles, leur (aux d'Alègre)
» a remis les quinze mille livres de rente aux-
» quelles ils étaient obligés chacun an, sans
» en rien retenir pour les deux petites filles [1]

---

1. Ces deux filles étaient Marie-Madeleine le Tellier, mariée
le 31 mai 1717 à François duc d'Harcourt, et Louise-Françoise-
Angélique le Tellier, dite Mlle de Crenant. On découvrit en
1719 que cette dernière était enceinte ; elle allégua un mariage
secret avec le père de l'enfant, Emmanuel-Théodose de la
Tour d'Auvergne, duc d'Albret. Mais l'affaire fut déférée au
Parlement de Paris, qui, par arrêt du 3 avril 1719, déclara
nul le prétendu mariage et invita l'archevêque de Paris à
commettre un prêtre pour marier les deux amants dans les
formes et avec le consentement des parents. Mme d'Albret
mourut en couches le 8 juillet suivant, dans sa 21e année.
Godefroid Giraud, duc de Château-Thierry, son fils, mourut
« d'une toux violente », le 29 mai 1732 (Moréri).

» dont il s'est chargé fort généreusement. »
Et il ajoute : « Ce procédé honnète est fort
» approuvé, mais les avis sont différents sur
» le parti qu'on a pris. Il s'est dit là-dessus
» qu'il n'y avait guère de maris sans cornes,
» que les sages les portaient dans leurs
» poches, qu'il n'y avait que les fous qui les en
» tirassent pour orner leur front. »

L'accord s'exécuta comme il avait été convenu. La jeune femme, encore convalescente,
s'achemina vers l'Auvergne au mois d'août
1699.

Mais en même temps que le bonheur de
sa fille, les ambitieux rêves de M. d'Alègre
eurent les ailes coupées. Son gendre ne lui
pardonna ni sa mésaventure, ni son ridicule.
De l'humeur dont il était, il mit à lui nuire
dans l'esprit du roi et à lui « faire des niches
de toutes sortes » l'autorité et le crédit de
ses fonctions et d'Alègre dut attendre la mort
de ce beau-fils tant fèté pour passer enfin
lieutenant général.

L'attente, il est vrai, ne fut pas longue.
Barbezieux ne survécut guère plus de
deux ans au scandale de sa séparation. Le
sans-gêne et la désinvolture de son ministre

finirent par lasser Louis XIV. La douleur de
voir baisser sa faveur, la consolation qu'il
chercha dans un redoublement de débauches
« de vin et de femmes » eurent bientôt ruiné
son « tempérament d'athlète ». Le 5 janvier
1701, il expirait à Versailles, en quelques
jours, et « dans la même chambre où était
» mort son père, d'un mal de gorge et d'une
» fièvre ardente gagnés au cours d'une par-
» tie de plaisir à sa maison de l'Etang. »

M. d'Alègre put alors passer au grade de
lieutenant général et quatre mois après cette
triste fin, la jeune veuve reparut à Versailles.
Elle revenait toute à la dévotion, se lia étroitement avec Fénelon et, quand il fut exilé,
Mᵐᵉˢ d'Alègre et de Barbezieux furent de ceux
qui firent le voyage de Cambrai pour l'aller voir.

Mais la malheureuse était née sous un
astre malin. Malgré sa dévotion, cette vie,
brisée par le scandale et qui allait s'éteindre
à vingt-six ans, ne devait pourtant s'achever
qu'au lendemain d'un nouveau scandale.
Dans l'hiver de 1706, deux hommes de jeu
et de plaisir, le marquis d'Entragues [1] et le

1. Louis-César de Crémeaux, marquis d'Entragues, comte de
Saint-Trivier, né le 11 avril 1679, passa brigadier le 1ᵉʳ février

chevalier de Bouillon [1] prétendirent tous
deux à sa main et à son douaire. Ils se prirent de querelle à ce sujet à un bal du Palais
Royal. Le duc d'Orléans, attiré par le bruit
et les gros mots, sermonna les deux rivaux
et les accommoda : « Ils ne demandaient pas
mieux l'un et l'autre, » dit Saint-Simon. Mais
le triste objet de ces poursuites retentis-
santes dut retourner chercher le calme au
couvent. Elle y mourut le 29 octobre de la
même année. Ni l'esprit, ni la science, ni
la philosophie, n'avaient pu préserver du
malheur une si courte existence.

Telle était la famille où le comte de Rupelmonde allait entrer.

1719. Sa mère, Catherine-Françoise de Courtarvel de Saint-Remy,
était sœur utérine de Mlle de la Vallière. Il ne se maria qu'en
1728.

1. Frédéric-Jules de la Tour d'Auvergne, seigneur de
Lanquais et de Limeuil, né le 2 mai 1672, troisième fils de
Godefroid-Maurice, duc de Bouillon. Chevalier de Malte et
connu d'abord sous le nom de Chevalier de Bouillon, il prit le
titre de prince d'Auvergne après son mariage avec une Irlan-
daise, Catherine Olive de Trantes, et mourut en 1733.

CHAPITRE III

UN GRAND MARIAGE SOUS LOUIS XIV

Le *Mercure Galant* annonçait dans un numéro de décembre 1704, « les fiançailles » de M. le *Prince de Rupermonde* d'une » maison établie dans les Pays-Bas, il y a » quatre cents ans.... alliée aux plus consi- » dérables de ces provinces, ainsi qu'à celle » de Nassau, de Bergues, de Melun et à celle » de Wassenaer et de Mlle d'Alègre qui » passe pour une très belle personne. »

L'auteur de cet écho mondain paraît n'avoir pas puisé ses renseignements aux sources les plus sûres. Si le titre de prince attribué au futur, dont le nom était d'ailleurs tronqué, ne pouvait que flatter la vanité des d'Alègre et leur paraître un heureux présage, il n'était guère affirmatif sur la beauté de la jeune fille et il confondait sa mère et sa grand'mère, faisant de la première une Duranti, au lieu d'une Garaud [1].

Marie-Marguerite d'Alègre était la seconde fille d'Yves et de Jeanne de Garaud. Si l'union qu'elle allait conclure n'avait pas le brillant de celle de son aînée, M. de Rupelmonde était cependant ce qu'on peut appeler un beau parti : de bonne noblesse, bien allié, orphelin de père, jouissant d'une grosse fortune. Mais, ceci surtout faisait de ce mariage un événement remarquable : c'était le premier qui se concluait entre sujets des deux couronnes, depuis l'avènement de Philippe V. N'était-elle pas, cette alliance d'un grand seigneur flamand, colonel espagnol, avec la fille d'un lieutenant général des armées françaises, le vivant commentaire du mot royal sur la disparition des Pyrénées, dont l'accent triomphant vibrait encore aux oreilles des courtisans ?

Ainsi en avait jugé dans son château des bords de l'Escaut Mme de Rupelmonde ; ainsi en jugeaient dans leur appartement de Versailles le marquis et la marquise d'Alègre.

1. Le Président Garaud était le petit fils d'un célèbre jurisconsulte toulousain, **Duranti**.

Et de cette flatterie, les uns et les autres attendaient une brillante faveur. Pour les d'Alègre surtout, c'était une unique occasion d'effacer par ce mariage ce que les déboires de l'alliance Barbezieux et les calomnies de leur gendre pouvaient avoir laissé de mauvaises impressions dans l'esprit royal.

Le 25 janvier 1705, les fiançailles solennelles se firent vers midi, dans l'église Saint-Sulpice.

Le même jour, les notaires dressèrent le contrat : « Haut et puissant seigneur Maxi- » milien-Philippe-Joseph de Boulogne de » Licques, comte de Rupelmonde, baron de » Wissekercke, seigneur de Baye, Auden- » thun, Majourque, Hongersdycq, Philip- » plandt, Schore, Blake, Audermonde, Dieric- » klandt, colonel d'infanterie wallonne » s'était fait assister pour la circonstance de l'indispensable Mᵉ Jacques Canthaels.

Mᵐᵉ de Rupelmonde, la mère, bien qu'elle eût déjà donné son consentement, n'avait pas voulu se priver du plaisir de figurer à pareille fête. Elle était donc descendue dans une maison de la rue Saint-André-des-Arcs et stipulait au contrat.

M. d'Alègre était retenu à l'armée de la
Moselle où il commandait l'ancien corps de
Coigny. Il avait envoyé de Metz sa procuration à sa femme et c'est cette glorieuse personne qui avait la joie de stipuler au nom de
leur fille mineure.

Le contrat établit la communauté de meubles entre les futurs époux, assure à la future
« en cas de survie et qu'elle demeure ou non
en état de viduité » un douaire de douze
mille francs de rente et « une maison conve-
» nable à sa qualité à Bruxelles ou à Malines,
» meublée de meubles de la valeur de
» 12.000 francs. »

Un autre article, plus agréable sans
doute à la jeune fiancée que la maison
à Malines, lui garantit « en toute propriété
» les joyaux et pierreries, linge, hardes qui
» se trouveront à son usage au jour du
» décès du futur avec un carrosse à six che-
» vaux. »

Enfin le survivant a droit à un préciput de
30,000 fr., à prendre sur les meubles de la
communauté.

Le Roi, le Dauphin, le duc et la duchesse
de Bourgogne, Madame, tous les princes du

sang présents à Paris, ont daigné mettre
leur signature au bas du contrat.

Puis c'est le tour des parents de l'épouse,
et leur énumération donne un nouveau
démenti aux racontars de Saint-Simon et de
Clairambault sur la noblesse des Lens : on
y voit, en effet, le prince de Bournonville,
le comte de Croy-Solre, et la comtesse, née
Anne-Marie de Bournonville, le prince de
Robecq, un Montmorenci, et sa femme, née
Cosnac, le Comte d'Egmont, prince de
Gavre, commandant général de la cavalerie
wallonne, et son frère, le duc de Bisache,
le prince de Bergues, la princesse de Lisle-
bonne, de la maison de Lorraine, Armand
de Béthune, duc de Charost, Elisabeth de
Lorraine, veuve du prince d'Epinoy et son
fils.

Viennent ensuite les parents de la future :
son frère d'abord, Yves-Emmanuel, comte
de Mellant, mestre de camp du Royal-
Cravate, et sa sœur, la marquise de Barbezieux, que nous connaissons déjà, puis l'oncle
Pierre de Cambout, duc de « Coaslin », pair
de France, Lascaris, marquis d'Urfé et la
marquise, née Gontant-Biron, la duchesse

d'Uzès, douairière, née Marguerite d'Apchier,
tante à la mode de Bretagne presque nona-
génaire, son fils cadet, le marquis de Flo-
rensac, les Fimarcon, le chevalier de Modène
et David Berthier, évêque de Blois, qui a
promis de donner la bénédiction nuptiale.

Et pour clore, les amis — ceux dont la
présence rehausse un contrat de mariage —
ont voulu donner leur agrément et apposer
leur signature. La princesse des Ursins, en
tête, puis le duc et la duchesse de Beauvilliers, les Bouillon, le duc et la duchesse de
Chevreuse, la comtesse de Verrue, une
Luynes et la duchesse de Chaulnes, une
Beaumanoir, et la marquise d'Antin, une
Crussol, la bru de Mme de Montespan, et la
duchesse de Crequi, une Lusignan, et la
duchesse de Luynes, une Noailles.

Après le contrat, la marquise d'Alègre
« qui, dit le *Mercure de France*, ne fait rien
qu'avec beaucoup de noblesse » a traité ces
augustes parents et amis et « donné un
magnifique repas à cette illustre assemblée. »

Mais la noce n'a pas lieu chez elle, c'est
dans l'hôtel contigu, chez le duc et la

duchesse d'Albe qu'a lieu le souper, et le mariage doit être célébré dans leur chapelle. Ainsi Mme d'Alègre mariait sa fille avec une pompe inusitée et, selon le mot de Saint-Simon, « à bon marché ». Ainsi, surtout s'affichait le caractère politique que tous voulaient donner à cette union. En ouvrant son hôtel pour cette fête, le duc d'Albe, ambassadeur d'Espagne près la cour de Versailles, qui n'avait « rien tant à cœur que » de voir toujours les deux nations dans la » liaison parfaite qui les unit[1] », manifestait de la façon la plus claire combien « il était » charmé de ce mariage » et témoignait de « sa joie par des démonstrations écla- » tantes. »

Don Antonio Martin Alvarez de Tolède, duc d'Albe, représentait depuis mars 1703, le roi Philippe V auprès de Louis XIV. Bien qu'il ressemblât fort de visage à son terrible bisaïeul, il n'en avait point l'humeur despotique et sanguinaire. Sa mine « basse » et « triste » ne prévenait d'abord pas en sa faveur ; mais « fort instruit, très sage, très

---

1. *Mercure de France.* Les citations sont presque toutes empruntées à cet article.

mesuré, poli avec dignité », il se faisait vite estimer, et la preuve c'est que Saint-Simon en a tracé un portrait plus flatteur peut-être qu'il ne le méritait. On le savait un fidèle de l'alliance française. Sa femme, une Ponce de Léon, fille du duc d'Arcos « extrêmement vive, encore plus laide » avait, en arrivant, diverti la cour par son exubérance méridionale, et s'y était vite créé des amis. Tous deux, avec une fortune médiocre, dépensaient énormément, avaient un personnel considérable et « nulle attention à l'économie domestique ». Mais ils se surpassèrent dans la fête du 25 janvier.

Les invités commencèrent à arriver vers six heures. L'appartement du duc et celui de la duchesse étaient « éclairés d'une infinité de grosses bougies ». Des tables à jeu attendaient les joueurs, tandis qu' « un très beau concert » appelait dans une pièce les amateurs de musique. « La jeunesse prit le parti de danser et un petit bal s'ouvrit qui dura jusque neuf heures et demie. »

Le duc d'Albe avait fait dresser une table de quarante couverts. On se trouva deux ou trois fois autant. Son embarras ne fut pas long : il fit dresser deux tables supplémentaires. « La grandeur et la magnificence dont il vit », dit encore l'échotier du *Mercure de France*, « et le nombre et l'attention de ses » domestiques le tirèrent bientôt de peine. » Le soupé n'en fut pas différé d'un quart » d'heure. »

La table d'honneur était surchargée d'argenterie : au milieu « un riche surtout d'argent, étincelant de bougies » et flanqué, de droite et de gauche, de grands bassins d'argent ; tout autour de la table, sur de la vaisselle plate, les vingt-six plats du premier service alternaient avec les vingt-six hors-d'œuvre. Trois services de viande et un d'entremets se succédèrent dans le même ordre. Mais le succès fut pour le dessert : de chaque côté du surtout, les domestiques placèrent deux «grandes corbeilles d'environ » deux pieds de long sur trois pieds de large, » en forme de grottes percées à jour de » tous côtés. Les centres en étaient brillants, » bien colorés et chargés ainsi que tous les » dedans de ces grottes des plus rares » confitures *seiches* ». Puis on espaça sur la table des corbeilles d'argenterie chargées

soit de fruits, soit des plus exquises confitures « seiches » ; enfin les vingt-six plats
des services précédents furent remplacés
par autant de compotes différentes, alternant
avec de grands flacons d'argent où brillaient
les « liqueurs les plus exquises ». Ce dessin
était « tout nouveau, et tout le monde avoua
qu'il ne s'en était encore vu de mieux entendu,
de plus délicat, ni de plus agréable à la vue. »

Les deux tables improvisées furent ser-
vies « avec une magnificence égale » ; la
noble assemblée demeura deux heures à
déguster les mets divers, les compotes rares,
les vins fins et les liqueurs exquises, tandis
que les violons charmaient les oreilles.

Le souper fini, on se remit à danser ; mais
presqu'aussitôt on annonça l'évêque de
Blois, et les invités se rendirent à la
chapelle. L'évêque dit quelques mots pleins
« d'onction et de force », puis donna aux
fiancés la bénédiction nuptiale. Tout le
monde ensuite leur fit cortège pour les
ramener, à la lueur des torches, à travers les
jardins des deux hôtels, chez Mme d'Alègre.
Là, nouvel éblouissement de lumières dans
lequel eut lieu leur coucher.

Les jeunes filles écartées de cette dernière
cérémonie, avaient recommencé le bal à
l'hôtel d'Albe, et quand les autres invités
revinrent, l'amphitryon fit circuler dans les
salons des glaces, des liqueurs, des oranges,
des pâtes de fruits. L'assemblée ne se
sépara qu'à quatre heures du matin, éblouie
et ravie.

La cour et la ville, comme l'on disait
alors, avaient encombré l'hospitalière maison,
et le *Mercure de France*, rendant compte de
la fête, citait toutes les plus grandes dames
et les plus nobles jeunes filles de France.

Malgré cette affluence, l'ordre le plus
parfait avait régné partout : il n'avait pas paru
que « Leurs Excellences donnassent aucun
» ordre, mais on apercevait bien que parmi le
» grand nombre de leurs domestiques, elles
» étaient obéies partout sans qu'il parût aucun
» embarras et aucune confusion. »

On ne pouvait souligner avec plus de
grâce, l'intérêt que les deux cours portaient
à ce premier fusionnement de leurs noblesses, et le *Mercure de France*, qui nous a déjà
si bien renseigné, exprimait certainement la
pensée de tous, en disant du duc d'Albe :

4.

« Il se sent porté par des sentiments dignes
» de lui à contribuer de son mieux à faire
» et à entretenir de pareilles liaisons entre
» les deux nations. Il ne tiendra ni à son
» affection, ni à son zèle que cet exemple
» ne soit suivi de beaucoup d'autres. »

CHAPITRE IV

M. ET Mme DE RUPELMONDE D'ALÈGRE

Saint-Simon a crayonné d'un trait rapide M. de Rupelmonde ; il avait «une triste figure de plat apothicaire.» Mais le Duc, on le sait, est volontiers malveillant. Le *Mercure de France,* lui, au contraire, aime à peindre en rose ; aussi fait-il de notre héros un portrait tout différent : « M. le comte de Rupelmonde
» est fort bien fait, il est d'une taille avanta-
» geuse, il a l'abord noble, un accueil pré-
» venant, le regard *gratieux*, et tout ce
» qu'on voit en lui parle à son avantage. Il
» a des sentiments d'honneur, qui se répan-
» dent dans sa conduite et une attention à
» ses devoirs qui passe jusqu'aux moindres
» bienséances. » Rien ne nous est parvenu, qui nous permette de juger laquelle de ces deux plumes a fait le physique de M. de

Rupelmonde le plus ressemblant. Quant au moral, le duc de Gramont, sortant d'un entretien avec lui en 1707, le jugeait «homme très poli et qui ne manque pas de sens ». Il avait de la bravoure, et cela ne nuit pas plus que les égards auprès d'une jeune femme.

A peindre Mme de Rupelmonde, le terrible duc n'a pas mis plus de bienveillance. Le modèle qu'il a sous les yeux quand il écrit, est, il est vrai, d'âge mûr. Pour reproduire une jeune femme de dix-sept ans le *Mercure de France* a des couleurs plus fraîches, sinon plus fidèles. « Elle est belle, dit-il, » elle a de la douceur, elle est polie ; sa » raison devance son âge et l'égalité de son » humeur fait honneur à son sexe et à sa » beauté. Elle a un riche naturel, une âme » qui se porte au bien, un cœur qui ne » paraît accessible à aucune faiblesse ; on lui » trouve tous les jours quelque perfection » nouvelle. » Et le trait dont il termine l'énumération de ses perfections n'est pas banal : « On n'est pas étonné de sa bonne » grâce, après l'avoir vu danser. »

Mme des Ursins, une vieille amie des

d'Alègre, qui est descendue à Versailles à leur hôtel de la rue Saint-François, s'établit tout de suite le chaperon de la jeune femme. Elle l'a prise sous son patronage, la traite désormais en sujette espagnole et comme telle, c'est elle, *camarera mayor,* qui la présente à la Cour.

Le 3 février, elle mène la nouvelle mariée dans l'appartement de Mme de Maintenon ; le Roy y entre ; Mme des Ursins lui nomme Mme de Rupelmonde.

Dès lors elle est des plaisirs de la cour. Le 18 février, elle est inscrite sur la liste pour le voyage de Marly qui dure dix jours, on est en carnaval et le 22 il y a bal travesti. « Les danseurs et les dames parurent fort » galamment masqués et le marquis de » Livry s'y distingua fort en dansant une » allemande avec la comtesse de Rupel- » monde[1]. » Sans doute le Roi, qui travaillait avec Chamillart chez Mme de Maintenon, avait entendu vanter la grâce avec laquelle la jeune femme dansait ; il interrompit son travail pour aller donner le signal des

1. *Journal de Sourches*, t. IX.

danses et ne le reprit qu'après avoir admiré
le talent de la comtesse.

C'étaient de ces faveurs dont s'entretenait
toute la cour. Les d'Alègre, que n'avait point
découragés la triste issue du mariage Barbezieux, y voyaient l'aurore de la fortune tant
désirée. L'amitié de Mme des Ursins leur
était acquise ainsi qu'à leur gendre et la
dame, alors toute puissante à Madrid, avait
grand crédit à Versailles, grâce à Madame
de Maintenon.

Tandis que Rupelmonde rejoignait son
régiment en Espagne, le marquis d'Alègre
passait de l'armée d'Alsace à celle de Flandres. Cette armée était commandée par le
maréchal de Roquelaure, un assez médiocre
général. Il se laissa surprendre par Marlborough, le 18 juillet, dans ses lignes entre
Léau et l'abbaye d'Heylissem. Le camp fut
culbuté, les morts et les prisonniers furent
nombreux. D'Alègre était de ces derniers.
Cette disgrâce désola ses amis : « Je fus bien
» fâchée, écrivait Mme des Ursins à Mme de
» Maintenon, lorsque j'appris que M. le
» marquis d'Alègre avait été fait prisonnier.
» C'est un bon lieutenant-général, brave,

» zélé et très honnête homme qui mérite les
» grâces du roi [1]. »

Comment le marquis s'y prit, pour se faire
de ce revers un nouveau titre à mériter ces
grâces royales, que son amie lui souhaitait
tant, nous allons le dire.

Nous avons vu que les Rupelmonde avaient
de gros intérêts en Hollande. Mme de Rupelmonde, la mère, allait souvent à la Haye, y
faisait de longs séjours, admirablement reçue
par les Wassenaer et les Nassau qui étaient
de sa parenté, et par là en relations avec
tout ce que la capitale hollandaise avait
d'hommes considérables. D'Alègre imagina
de profiter de cette situation pour amorcer
une négociation avec les Etats Généraux.

Sous prétexte d'affaires urgentes, il obtint
d'être relâché sur parole, revint en France,
prit les ordres du roi, retourna à Bréda,
puis de là, alléguant des questions d'intérêt
privé pendantes avec Mme de Rupelmonde,
sollicita l'autorisation d'aller la voir à la
Haye. Mais toutes ces allées et venues
avaient éveillé la défiance des Hollandais.

1. Lettre du 11 septembre 1705.

Les ministres étrangers s'élevèrent contre
cette autorisation . Mme de Rupelmonde
réussit pourtant à mettre de son côté le
ministre portugais, M. de Pacheco. Il
consentit à plaider la cause du marquis
auprès du grand Pensionnaire et, dans une
des conférences que les envoyés étrangers
avaient de temps en temps, il émit l'avis
« qu'étant bien aise de faire plaisir à un
» homme de votre mérite, écrivait la comtesse
» au prisonnier, il ne trouvait aucune diffi-
» culté, ni préjudice aux alliés que l'on vous
» permît de venir ici[1] ». Partie de ces messieurs avaient déjà opiné dans ce sens,
quand le comte de Clermont,— un violent,—
envoyé de l'Electeur palatin, se leva et lui
demanda « s'il parlait en galant des dames
ou en ministre ». Les plus acharnés ajou-
tèrent que si M. d'Alègre s'ennuyait à Bréda,
il n'avait qu'à aller à Bruxelles, il y pourrait
« trouver des amis et parents et s'y divertir.»
Ces diplomates étaient si excités qu'après le
départ du Pensionnaire, ils prirent à partie
M. de Pacheco et qu'« il se trouva obligé de

---

1. Mme de Rupelmonde. La Haye 3 novembre 1709.

» justifier qu'il n'avait aucune intention de
» soutenir rien qui puisse être contre les
» alliés. »

Enfin Marlborough passa à Bréda se rendant à l'armée. Il traita à merveille d'Alègre
et, moins soupçonneux que les ministres
étrangers ou ne le croyant guère redoutable,
il écrivit de sa main aux Etats « qu'il m'avait
fait espérer, dit d'Alègre, qu'ils m'accor-
deraient au plus tôt la liberté d'aller à la
Haye [1]. »

Cette démarche enleva le consentement
des députés de Hollande [2] qui, seuls parmi
les Etats, s'opposaient encore à ce voyage.
« Il paraît, écrivait Helvétius à Torcy, le
» 23 novembre, que l'opposition et les
» plaintes des ministres étrangers ont beau-
» coup contribué à différer le consentement
» des députés de Hollande. Ces premiers
» publient depuis longtemps, qu'ils savent
» de très bonne part que le marquis d'Alègre
» est revenu de France, chargé des ordres
» secrets de la cour et que les Etats Géné-

1. D'Alègre au marquis de Torcy, 15 novembre 1705.

2. La Hollande formait le principal des états des Provinces-
Unies.

» raux ne peuvent lui accorder la permission
» de séjourner à la Haye sans donner lieu à
» leurs alliés de soupçonner leur bonne
» foi.

« D'un autre côté, le pensionnaire Hein-
» sius et ses confidents ont appréhendé que
» M. d'Alègre qui, dans son premier passage
» à la Haye, avait eu des conférences avec
» quelques députés des autres provinces,
» n'agît encore par les mêmes voies, ce qui
» a donné de grandes défiances à Heinsius
» et à ses amis. »

Bien que, dans ses lettres au ministre,
le bon apôtre proteste que « ces messieurs
» me font bien de l'honneur d'imaginer que
» dans la triste situation où je suis et étant
» destiné à passer bientôt en Angleterre, je
» puisse avoir à traiter en si peu de temps
» des choses aussi importantes », toutes ces
défiances étaient parfaitement justifiées et
sa protestation n'avait d'autre cause que le
peu de sûreté de la poste. D'Alègre, en effet,
avait dans sa cassette une instruction, à lui
remise par le Ministère des Affaires étrangères. A peine arrivé à la Haye, le marquis
apprenait que décidément «Marlborough ayant

» envie de me faire paraître en Angleterre,
» m'y emmenerait avec assurance de m'en
» faire revenir bientôt [1]», et il s'empressait
d'écrire au ministre : « supposé, Monsieur,
» que cela arrivât ainsi, je vous prie de
» bien vouloir me mander si le Roi trouve-
» rait à propos que je laissasse dans une
» cassette bien fermée l'instruction et le
» pouvoir que vous m'avez fait la grâce de
» me remettre de la part de Sa Majesté, entre
» les mains de Mme la comtesse de Rupelmonde
» qui est une personne très prudente et à qui
» on peut la confier sans nulle crainte. »

M. d'Alègre s'embarqua à quelques jours
de là avec Marlborough pour l'Angleterre,
mais j'ignore si le ministre l'autorisa à
remettre la précieuse cassette aux mains de
la mère de son gendre ou si comme le portaient ses instructions, il les brûla avant de
monter en bateau. Marlborough n'eut guère à
se louer d'avoir emmené son prisonnier avec
lui. Ses intrigues de tous côtés ne lui cau-
sèrent pas moins d'embarras qu'elles n'en
avaient donné à Heinsius.

---

1. D'Alègre à Torcy, 11 decembre 1705.

D'autre part, escomptant déjà probablement quelque succès diplomatique de compte à demi avec Mme de Rupelmonde-Wolfegg, il indiquait à Torcy la récompense qui les eût comblés tous deux :

« La Haye ce 4 décembre 1705.

« Monsieur,

« L'Electeur [1] ayant bien voulu me faire le plaisir et à M. de Rupelmonde de luy accorder une lettre pour le roi d'Espagne, par laquelle il représente à Sa Majesté Catholique les pertes considérables, que M. de Rupelmonde fait par la guerre, et qu'il n'a pas laissé néantmoins de lever un régiment à ses dépens. L'Électeur représente en même temps à Sa Majesté Catholique la justice qu'il y aurait à récompenser M. de Rupelmonde, tant de ses pertes que de la fidélité et du zelle avec lequel il a l'honneur de La servir, et propose pour cet effet de lui accorder *la Grandeur* [2], estant d'ailleurs d'une

---

1. Maximilien-Marie-Emmanuel, Electeur de Bavière, capitaine et gouverneur général des Pays-Bas espagnols pour Philippe V.

2. La Grandesse.

naissance convenable pour un tel rang. Je
suis persuadé, Monsieur, que la lettre de
l'Électeur ne peut faire qu'un bon effet, mais
je le suis aussi qu'elle n'auroit pas l'effet
que je souhaiterois si le Roy n'a la bonté d'en
écrire au roy d'Espagne. Vous avez déjà pris
la peine, Monsieur, d'en écrire de la part
de Sa Majesté à M. l'abbé d'Estrées dans le
temps qu'il étoit en Espagne, mais comme il
étoit à la veille de son départ, il ne put pas,
je croy, exécuter les ordres que vous lui
donniez sur cela.... Je vous avoue, Monsieur,
que j'ai fort à cœur que cela puisse réussir et
que les conjonctures me paraissent très favorables, si Sa Majesté l'aprouve, comme j'ose
L'en suplier par votre entremise. »

La grandesse était un titre essentiellement
espagnol et attaché seulement à des terres
situées dans l'ancien royaume de Castille.
Les rois de la maison de Habsbourg n'en
avaient jamais revêtu leurs sujets flamands
et je ne pense pas qu'elle eût été donnée à
d'autres dans les Pays-Bas, qu'au duc
d'Aerschot [1]. D'un autre côté, Philippe V

1. Philippe III de Croy, duc d'Aerschot, de Soria, etc., mort
le 4 décembre 1595, avait des possessions dans toutes les

n'en avait pas encore commencé l'effrayante
distribution qu'il en fera bientôt en France.
La demande d'Alègre, bien qu'elle en rejoignît
nombre de semblables dans les cartons ministériels, devait donc paraître fort ambitieuse.
Torcy n'en écrivit pas moins au ministre de
France à Madrid, M. Amelot, pour lui recommander la requête de M. de Rupelmonde. Mais
Philippe V, qui se montrait encore très avare
de cette suprême faveur, laissa la chose sans
réponse. Ce silence ne découragea pas M. et
Mme d'Alègre, et leur insistance amena le
ministre à renouveler sa demande le 2 décembre 1706 : « Sa Majesté m'a ordonné de vous
» dire qu'Elle trouvera bon que vous appuyez
» leurs prétentions de vos bons offices et
» que vous leur fassiez plaisir en tout ce qui
» dépendra de vous.» Mais le ministre ajoutait : « Vous savez que les recommandations
» du Roi ne doivent déterminer Sa Majesté
» sur de pareilles grâces qu'autant qu'Elle
» croit qu'elles conviennent à l'intérêt des
» affaires. »

---

parties de la monarchie espagnole. Sa fille Anne porta par
son mariage le riche **héritage paternel** dans la maison
d'Aremberg.

M. Amelot se conforma aux instructions de
son chef et fit la demande dans les termes
qu'on lui avait indiqués. Avec la restriction
que Louis XIV avait mise à sa recommanda-
tion, la réponse n'était guère douteuse.
Aussi, le 27, transmettait-il à Versailles, le
refus du Roi Catholique : « Je serais ravi de
» faire plaisir à M. et Mme d'Alègre, lui
» avait dit Philippe V, mais il y a un si grand
» nombre de prétendants à cette même
» dignité que ce serait donner du dégoût à
» bien des gens de distinction, si M. de Ru-
» pelmonde seul était fait Grand, ou rendre
» cette dignité trop commune si on l'accor-
» dait à tous les prétendants. »

Cette fois, les d'Alègre se le tinrent pour
dit ; ils ne revinrent plus à la charge. Au
reste, quand cette réponse arriva à Versailles,
le Roi venait d'accorder au marquis d'Alègre,
pour ses étrennes de 1707, une des deux
lieutenances générales de Languedoc. C'était
un beau présent ; il était difficile de montrer
plus d'exigence ; si bon beau-père d'ailleurs
qu'on le suppose, on peut bien croire que sa
bonne fortune l'a rendu plus facile sur la dé-
convenue de son gendre.

Celui-ci n'eut d'autre consolation que d'arborer plus ostensiblement que jamais sur les panonceaux de ses carrosses une draperie qui, enveloppant d'un nuage d'hermine les écussons accolés de Lens et d'Alègre, ressemblait furieusement à un manteau. Les jaloux crièrent qu'il usurpait le manteau, et ces criailleries finirent par émouvoir Louis XIV. Il mit en campagne le procureur général. Rupelmonde produisit des titres et des certificats. Ils furent soumis à Clairambault, le généalogiste du roi, et celui-ci résuma son avis dans la note confidentielle au procureur général dont nous avons déjà parlé : « Si M. de Rupelmonde, disait-il,
» voulait avoir des certificats qui pussent
» être de mise en cette occasion, il devrait
» en avoir de messieurs les grands d'Espa-
» gne et des princes de l'empire qui ont
» porté le manteau ducal sans aucune oppo-
» sition, et non de ces messieurs qui n'en
» ont jamais porté et à qui il doit être fort
» indifférent que M. de Rupelmonde en porte
» ou n'en porte pas. »

Le généalogiste n'osait pourtant conclure à une interdiction : « Le manteau que MM. de

» Rupelmonde ont toujours porté n'a jamais
» été un manteau ducal; c'était un manteau
» de comte, c'est-à-dire coupé en festons par
» le bas, comme MM. les comtes de Frésin
» et encore d'autres en ont portés en Flan-
» dre. »

Tel il est, en effet, gravé, ce manteau, sur
le seing de Philippe de Boulogne, comte de
Rupelmonde, qui se trouve encore au château
de Wissekercke. C'est un large et majestueux
scel, tel qu'il convient à un puissant seigneur
qui se dit souverain de l'île d'Hongersdyck.
Des armoiries écartelées, contrécartelées,
posées en abîme, rappellent les origines illustres et compliquées des Lens de Recourt de
Licques de Boulogne. Elles sont posées sur
une draperie gondolée, festonnée, fourrée
d'hermine, telle que la dépeint Clairambault,
et le tout est surmonté de la couronne de
comte espagnol à treize perles. Seulement, au
lieu que les perles soient disposées comme
à l'ordinaire, Philippe de Boulogne les
groupait par petites pyramides qui, de loin,
donnaient à sa couronne assez bien l'aspect
de la couronne ducale à cinq fleurons. Avait-
il bien droit à tous ces attributs héraldiques ?

Les comtes aux Pays-Bas n'avaient nul droit
au manteau, fût-il ou non, écourté en festons;
mais la vanité de plus d'un obtenait de la
condescendance princière de pouvoir en dé-
corer ses armoiries. En ce cas les lettres
patentes d'érection de Rupelmonde en comté
devaient en faire mention. Mais leur texte a
disparu des dépôts publics. A leur défaut,
les déclarations d'hérauts d'armes ou de
l'État Noble, constatant l'usage immémorial
de tels ornements, qui semblent avoir été
fournies à Clairambault, pouvaient trancher
la question[1]. Louis XIV, en tous cas, ne
poussa pas les choses au bout, et la condescendance avec laquelle il laissa Rupelmonde
jouir de son manteau contesté, ne montre
guère, disons-le en passant, qu'il eût reçu
sur ses origines les terribles rapports dont
parle Saint-Simon.

Les malveillants en furent donc pour leurs
cris et n'eurent d'autre consolation que de
colporter le bon mot du prince de Conti, qui

---

1. L'un des précédents barons de Wissekercke avait eu des
démêlés avec la chambre héraldique des Bays-Bas, pour avoir
aux funérailles de sa mère, sommé d'une couronne comtale les
armoiries de *l'obiit*.

traitait de « robes de chambre d'armoiries
» ces manteaux qui restaient à la porte[1] ».

Cette facilité enhardit Mme de Rupelmonde ;
puisqu'elle devait renoncer à la grandesse
qui lui eût valu rang de duchesse, elle crut
possible, à la faveur de sa situation mal dé-
finie de noble espagnole, de s'en arroger les
privilèges. Un beau jour donc, elle fit dra-
per sa chaise à porteurs d'une housse de
pourpre. C'était privilège réservé aux duchesses, le seul qui leur restât, gémit Saint-
Simon. C'était bien le moins, si peu que ce
fût, qu'elles le défendissent. Cette fois, le Roi
les écouta et se fâcha contre la jeune femme.
« Cela fit grand bruit, mais ne dura que
» vingt-quatre heures. Le roi la lui fit
» quitter avec une réprimande très aigre. »
L'honneur des duchesses était sauf. Mais
Mme de Rupelmonde ne se tint pas pour
battue et, bien des années après, nous la retrouverons, sur une autre question, en lutte
avec ces puissantes dames.

M. de Rupelmonde avait depuis longtemps
rejoint son régiment, qui faisait campagne en

1. Saint-Simon, *Mémoires.*

Espagne. Au printemps de 1706, Philippe V
alla mettre le siège devant Barcelone. On
commença par attaquer le fort de Montjouy,
en avant de la ville. Il fut pris; mais ce succès coûta cher en munitions, et il y périt
beaucoup de monde. Notre colonel y fit bra-
vement son devoir et, comme il n'entendait
pas se laisser oublier à la cour, ce succès lui
parut l'occasion d'ouvrir avec le duc du
Maine[1], la correspondance à laquelle celui-ci
l'avait invité à son départ. « Je crains tant
» d'ennuyer Votre Altesse Sérénissime par
» mes lettres, écrivait-il du camp, le 23 avril,
» que je n'ai pas encore osé me donner
» l'honneur de Lui écrire. La bonne nou-
» velle de la prise de Montjouy me fait
» cependant surmonter ma timidité. J'au-
» rais eu l'honneur d'en informer Votre
» Altesse Sérénissime mais, d'abord comme
» j'étais de tranchée, je n'étais pas encore
» relevé quand le courier... est parti. Ac-
» ceptez donc ma relation, Monseigneur; elle

---

1. Louis-Auguste de Bourbon, légitimé de France, duc du
Maine, l'aîné des fils de Louis XIV et de Mme de Montespan.
La marquise de Maintenon, qui l'avait élevé, lui portait une
affection maternelle.

» est fort simple, mais elle est véritable. »
Et le duc de lui répondre en termes aussi
alambiqués que complimenteurs qu'il recevait « mieux sa relation que sa défiance. Je
» suis ravi qu'il se soit trouvé à une action
» aussi heureuse qu'a été celle de Montjouy
» et qu'il n'en ait reporté que de la gloire. Je
» souhaite de tout cœur d'avoir bientôt d'au-
» tre compliment à lui faire[1]. »

Il eut cette occasion, l'année même, quand
son correspondant fut promu au grade de
brigadier de Sa Majesté Catholique. Mais ce
compliment ne nous est point parvenu.

1. Dépôt général. Min. de la guerre à Paris, vol. 488.

CHAPITRE V

Le 8 janvier 1707, la duchesse de Bourgogne[1] accouchait du duc de Bretagne. Le même jour, M. de Torcy faisant à Mme des Ursins part de l'heureux événement, ajoutait : « Nous avons ici deux prétendants à » l'emploi d'envoyés du roi d'Espagne pour » le compliment de la naissance : le premier » est don Pedro de Zuniga, et le second, » Mme d'Alègre pour M. de Rupelmonde. J'ai » rendu compte au roi des demandes de l'un » et de l'autre, mais don Pedro est le pre-» mier et sert parfaitement bien en Flandre, » d'ailleurs Espagnol, fils de grand, qui sont » les qualités ordinaires qu'on cherche pour

---

1. Marie-Adélaïde de Savoie, mariée à Louis de France, duc de Bourgogne. On sait de quelle rapide façon la mère et l'enfant furent enlevés en 1712.

» ces sortes d'emplois ; quoique M. de Ru-
» pelmonde ait aussi beaucoup de mérite, je
» vois S. M. entièrement portée pour le pre-
» mier[1]. »

Il fut naturellement fait selon le désir de
Louis XIV ; mais, en annonçant la mission
donnée à don Pedro de Zuniga, et tout en
avouant à Torcy que « le choix ne pouvait
être meilleur », la princesse poussait un sou-
pir de la déception causée à ses amis : « Je
» suis très affligée du chagrin qu'aura
» Mme d'Alègre, que j'honore fort, de n'avoir
» pu obtenir pour M. de Rupelmonde cet
» honneur qu'elle souhaite extrèmement,
» et qui mérite pour lui-même les bontés du
» roi, son maître[2]. »

Mais elle eut bientôt l'occasion de lui procurer une de ces bontés, dont il lui paraissait
si digne, et d'effacer l'amertume du premier
échec. A son tour, la reine d'Espagne[3] était
grosse ; il fallait en porter officiellement la
nouvelle à la cour de France. M. de Rupel-

1. Archives des affaires étrangères. Paris.

2. Madrid, 17 janvier 1707.

3. Marie-Louise de Savoie, sœur de la duchesse de Bourgogne et première femme de Philippe V, roi d'Espagne.

monde, qui « avait dessein de faire voyage en
» France[1] », fut chargé de cette mission.

Il se mit en route le 30 janvier ; à son passage à Bayonne, il s'arrêta chez le duc de
Gramont[2], qui venait de faire un long séjour
en Espagne et connaissait fort bien le pays.
« J'ai fort entretenu le comte de Rupelmonde,
» écrivait le duc ; il me dit une chose assez
» plaisante, mais très juste, sur les projets de
» la campagne prochaine en Espagne ; qu'il
» fallait bien se garder, que le diable nous
» tentât une seconde fois, de porter la guerre
» en Catalogne, ainsi qu'on en a fait courir le
» bruit, parce que ce serait certainement le
» moyen de tout perdre, que la Catalogne
» n'est rien et ne peut être qu'à charge aux
» ennemis, mais que le *sancta sanctorum* de
» l'Espagne est le royaume d'Aragon et de
» Valence, et qu'il faut avoir uniquement
» pour objet de commencer par prendre Sar-
» ragosse avec les troupes d'augmentation
» que le roi envoie d'ici, mettre cette ville

1. Affaires étrangères. Madrid, 30 janvier 1707.

2. Antoine-Charles, duc de Gramont, ambassadeur extraordinaire en Espagne en 1704, vice-roi de Navarre et de Béarn.
Il mourut en 1720.

» superbe et riche à des contributions im-
» menses, et puis replier avec toutes ses for-
» ces sur le royaume de Valence ; quand
» vous marcherez de la sorte, vous forcerez
» l'archiduc à vous donner un combat ou à
» prendre le parti honteux de se retirer à
» Barcelone, qui est le pire de tous pour lui
» et pour les alliés qui le protègent. Il y a
» deux mois que, sans avoir vu M. de Ru-
» pelmonde, je ne cesse de mander les mêmes
» choses à M. de Chamillart. Dieu veuille
» que mes représentations portent coup,
» qu'on y donne l'attention qu'elles mé-
» ritent[1]... »

On comprend que Gramont ait trouvé « du
sens » à l'homme, qui s'en allait à Versailles
abonder dans son opinion. Le 6 février, au
matin, il avait quitté Bayonne ; le 10, il entrait à Paris, et le soir du même jour le duc
d'Albe le menait à Versailles dans le cabinet
du roi. M. de Rupelmonde lui remit les lettres de son petit-fils, lui annonçant que la
grossesse de la reine d'Espagne était bien
certaine. Il ajouta que l'annonce officielle en

---

1. Le maréchal de Gramont à M. de Torcy, 6 février 1707.
Minist. des affaires étrangères.

avait été faite au peuple de Madrid, selon le
cérémonial accoutumé : on avait assemblé à
son de cloche les habitants sur la place du
palais ; LL. MM. s'étaient montrées à un bal-
con, et en quelques mots, le roi avait annoncé
à la foule les espérances de la reine. La nouvelle avait été accueillie par des cris de joie.
« Les peuples vont par les rues comme des
» insensés, écrivait Mme des Ursins, chantant
» et criant toutes les folies qui leur passent
» par la tête. »

M. de Rupelmonde arrivait chargé de quantité de lettres ; il y en avait de la reine pour
sa sœur, la duchesse de Bourgogne, de
Mme des Ursins pour Mme de Maintenon. La
camarera mayor parlait de lui dans les termes les plus élogieux. « C'est un sujet qui
» est venu en Espagne servir son maître et
» qui n'a pas suivi l'exemple de plusieurs
» autres Flamands[1] ; ainsi, Madame, il mé-
» rite que vous l'honoriez de votre estime. »

En arrivant à Versailles, Rupelmonde apprit que Louis XIV avait bien voulu prendre
son régiment de Rupelmonde-Wallon à la

1. Restés dans les Pays-Bas et qui avaient pris le parti de
l'archiduc Charles.

solde de la France. Il trouvait sa femme au
plus intime du petit cercle de la duchesse de
Bourgogne. Elle avait l'esprit vif, un merveilleux entrain et elle plaisait à la princesse;
celle-ci l'avait toutefois amicalement avertie,
que pour conserver ses bonnes grâces et partager ses plaisirs, il fallait surtout se conduire sagement[1]. Et non seulement elle était
sage, mais Rupelmonde la trouva encore
gracieuse et prévenante. Ce fut la courte
lune de miel de cette union si vite brisée.

Arrivé à Paris en février, Rupelmonde repartit pour l'Espagne dans les premiers jours
d'avril; il avait repris son poste le 20, date
d'une lettre par laquelle Mme des Ursins remercie Mme de Maintenon de celle que lui a
remise, de la part de la marquise, M. de
Rupelmonde.

A cette heure, tout lui souriait; il revenait
de France et avait pu constater qu'à Versailles aussi bien qu'à Madrid, on lui savait
un gré infini de son adhésion immédiate et
sans réserve. Il avait à l'une et l'autre cours
des protectrices puissantes et agissantes. Sa

1. Mme de Maintenon à Mme des Ursins, 1706.

femme y était en faveur, il avait éprouvé la
douceur de leur mutuelle affection; elle allait
être bénie et, à son tour, comme les princesses, la jeune comtesse était enceinte. Enfin,
officier général à vingt-cinq ans, quel avenir
ne pouvait pas s'ouvrir devant lui! Il aimait
son métier; il le reprenait avec plaisir, d'autant que, comme il était ambitieux, il y
voyait le moyen de faire un beau chemin.

Pendant les trois années qui suivent, de
rares mentions nous permettent de le retrouver, toujours sous le harnais, toujours
plein de courage. Ainsi la nuit du 24 au 25
octobre 1707, il monte la tranchée devant
Lérida avec MM. d'Arènes et de Kercado; le
3 juillet 1708, c'est devant Tortose qu'il
va à la tranchée, et ses compagnons sont,
cette fois, MM. d'Avaray, de Bligny et d'Our-
guia, ce dernier, aide de camp du duc d'Orléans, commandant en chef. Cette nuit-là, les
travaux s'avancent beaucoup et s'approchent
de la contrescarpe. On est sous le feu de
l'ennemi. Un capitaine du régiment de Bar-
rois, un lieutenant de grenadiers et sept soldats sont tués.

Puis silence de deux ans. Nous retrouvons

seulement notre brigadier, le 20 août 1710, à
la bataille de Sarragosse. Il est à l'aile gauche de l'armée que commandent le marquis
de Mérode-Westerloo [1] et le marquis de
Langarote. L'action est chaude. Les gardes
wallonnes, dont fait partie la brigade Rupelmonde, prises en flanc par trois bataillons
ennemis couraient risque d'être mises en
déroute, quand Langarote, ralliant deux régiments de cavalerie, fond sur ces trois bataillons, les disperse et leur prend quatre
drapeaux. Il revient un peu en arrière et,
renforcé de M. de Mérode, il s'apprêtait à
charger de nouveau. Mais les ennemis déta-
chent dix escadrons de cavalerie et un gros
d'infanterie pour les envelopper. Il fallut battre en retraite. Cependant la brigade Rupelmonde, postée sur la hauteur de Guerba,
fait encore bonne contenance ; elle soutient,
à elle seule, l'assaut de vingt-quatre bataillons. Tournées, enveloppées de toutes parts,
les gardes wallonnes tinrent bon deux heures durant. Les ennemis, pour les engager à

---

1. Jean-Philippe-Eugène, comte de Mérode, marquis de
Westerloo, depuis Grand d'Espagne et général feld-maréchal,
mort le 12 septembre 1732.

se rendre, criaient : « Bon quartier » ; les
officiers répondaient : « Sans quartier ».
Enfin, quand le salut du gros de l'armée eut
été assuré, les hommes décimés mirent la
baïonnette au fusil, se firent jour à travers
les rangs autrichiens et rejoignirent le reste
de l'armée, emportant encore trois drapeaux
de l'ennemi, tandis qu'ils n'en laissaient
qu'un seul entre ses mains.

L'action était glorieuse, mais coûtait cher à
la brigade : neuf officiers et mille soldats tués
ou pris. Telle compagnie se trouva réduite de
cinquante-six à huit ou dix hommes ; les moins
éprouvées n'en comptaient plus que vingt-cinq.

La manière dont M. de Rupelmonde s'était
distingué, lui valut d'être élevé au grade de
maréchal de camp.

Il y avait trois ans qu'il n'avait revu sa
femme ; il ne connaissait pas encore l'enfant
qui lui était né, au mois de décembre 1707 ;
il obtint un congé, à l'automne de 1710, pour
aller en France. A la cour, il était toujours
en faveur. M^mo des Ursins avait pu lui montrer telle lettre qui prouvait combien sa jeune
femme restait sage. « J'ai toujours oublié de
» vous dire, lui écrivait M^mo de Mainte-

» non[1], que Mme de Rupelmonde se conduit
» parfaitement bien en notre cour ; ses proches
» ont désiré que je vous le mandasse ; mais
» je vous assure, madame, que je ne le ferais
» pas si ce que je vous dis n'était pas vrai ;
» car je ne veux jamais vous tromper et,
» comme je n'ose pas toujours m'expliquer
» franchement, j'aime mieux abréger les
» articles délicats. »

L'éloge est net et sans réticence. Mme de
Rupelmonde, au reste, vivait dans l'intimité
de la marquise. Elle se trouvait un jour dans
son antichambre avec le duc de Berry et
Mme de la Vrillière. Mlle d'Orléans[2] vint à
passer et entra chez Mme de Maintenon. La
marquise de la Vrillière, qui n'était pas ti-
mide, dit au duc en indiquant la princesse :
« Monseigneur, on dit que vous allez l'épou-
» ser. » — « Je vous assure que non ; il n'en
» est pas question. » — « J'en suis fort aise,
» reprit la dame, car je la connais ; elle au-

1. Versailles, 10 fevrier 1707.

2. Marie-Louise-Elisabeth d'Orléans, fille ainée de Philippe,
petit-fils de France, duc d'Orléans, mariée le 6 juin 1710 à
Charles de France, duc de Berry. Elle mourut au château de
la Muette, 21 juillet 1719, épuisée par ses débauches et ses
excès.

» rait voulu être la maîtresse et, d'ailleurs,
» elle boit un peu trop bien du vin de Cham-
» pagne. » Quinze jours après, le mariage
fut annoncé ; Mme de la Vrillière dut regretter
ses paroles — prophétiques, du reste, — et
celle qui avait été témoin muet de ce dialo-
gue, devint l'intime de la nouvelle mariée.

Elle était maintenant de tous les voyages
de Marly, montant à cheval avec les duchesses de Bourgogne et de Berry, passant ses
journées dans leur cercle, et, toujours bien-
veillante pour la fille de sa vieille amie,
Mme de Maintenon la jugeait une « bien
» bonne personne ».

Je ne sais si M. de Rupelmonde, lui, pensa
toujours ainsi. Il ne retrouvait en tous cas pas
la femme aimante et attentive de 1707. Sans
doute il était homme à apprécier les faveurs
comme celle, si recherchée, d'être mis sur
la liste de Marly[1], au voyage d'octobre 1710,
et de savoir quelque gré à sa femme de la
place qu'elle avait l'art de prendre à la cour ;
mais, précisément à ce voyage, il éprouva

---

1. Louis XIV faisait de fréquents séjours à Marly. Le maréchal des logis dressait chaque fois par ses ordres une liste
des personnes admises à le suivre.

que, toute sage qu'elle restât, la jeune
femme, habituée à l'indépendance, n'entendait guère se contraindre quand son mari
réapparaissait. C'était un soir ; M. de Rupelmonde s'était déjà retiré ; la comtesse s'attar-
dant, comme cela lui arrivait, au lansquenet
de la duchesse de Bourgogne, il la fit demander par son valet de chambre ; mais
celui-ci, au lieu de demander sa maîtresse à
la porte, fit sottement sa commission au
Suisse de garde à la porte de l'appartement
princier, et le Suisse, entrant de quelques
pas dans le salon, cria tout haut en son pa-
tois d'Allemand : « Madame Ripilmand, allez
» vous coucher ! Votre mari est au lit, qui
» envoie vous demander ». L'éclat de rire
fut universel, dit Saint-Simon ; mais Mme de
Rupelmonde ne se laissa pas démonter. « Elle
» ne voulait point quitter le jeu, moitié hon-
» teuse, moitié effrontée. » Il fallut que la
duchesse de Bourgogne intervînt et l'enga-
geât à se retirer. Mais, comme dit le duc, la
risée ne fut pas d'un soir ; si prolongée
qu'elle fut, Mme de Rupelmonde avait montré
qu'elle n'était pas de celles qui s'embarras-
sent vite, et, quand au mois de novembre,

la cour retourna à Marly, l'absence de celui
qui l'y avait accompagnée le mois précédent,
ne paraît guère avoir diminué son entrain.
Son nom se retrouve parmi cette jeunesse
brillante qui faisait escorte à la duchesse de
Bourgogne, et le jour du départ, quand un
courtisan rima pour les dames de la table de
la princesse, sur l'air de *lampon*, une chanson à boire, Rupelmonde, comme les autres,
y eut son couplet :

> Avant de nous quitter
> Il faut un peu pinter,
> A cette table charmante
> Si joyeuse et si riante
> Lampon, lampon,
> Camarades, lampon.

> Puisque la reyne des cœurs [1]
> Nous partage ses liqueurs,
> A ses attraits, il faut boire.
> Chantons toutes à sa gloire.
> Lampon, etc.

> . . . .

> Rupelmonde est un soleil
> Dont l'éclat est sans pareil :
> C'est une beauté qui frappe,
> Malheur au cœur qu'elle attaque.
> Lampon, etc. [2]

1. La duchesse de Bourgogne.
2. Recueil Maurepas.

Mais les voiles de veuve allaient bientôt faire éclipser le soleil sans pareil et condamner à la retraite cette beauté redoutable.

Le 6 décembre, M. de Rupelmonde avait reçu son brevet de maréchal de camp ; le 9, il en fit les fonctions à la bataille de Villaviciosa, gagnée par le duc de Vendôme sur les alliés. Le corps qu'il commandait, composé de gardes wallonnes et du régiment de la reine, s'y distingua cette fois encore. S'avançant résolûment sous le feu de l'ennemi, les hommes traversent les deux lignes d'infanterie, culbutent le corps de réserve et enfoncent un bataillon carré où le général de Starhemberg a cherché un refuge. La nuit seule empêcha Starhemberg d'être pris [1].

Le lendemain, sa division reçut ordre d'aller déloger les Autrichiens qui s'étaient retranchés dans le petit bourg de Brihuega. L'attaque devait se faire sur trois points à la fois. Le marquis de Thouy commandait celle de gauche, le comte de las Torres celle de droite ; enfin, Rupelmonde devait pénétrer par la petite porte des remparts ; mais, pour

---

1. Histoire des gardes wallonnes, par le général Guillaume.

n'avoir pas à disséminer leurs forces sur tant
de points à la fois, les ennemis mirent le feu
aux bâtiments qui avoisinaient la porte de
droite et la poterne. Les rues par où les gardes wallonnes et espagnoles devaient passer,
pour entrer dans la ville, étaient réduites en
d'ardents brasiers. Tous alors se ruèrent sur
l'attaque de gauche. Les artilleurs défoncè-
rent la porte à coups de canons et les Français se précipitèrent dans la ville. Mais de
vingt en vingt pas, des barricades arrêtent
l'élan du soldat; les maisons, crenelées, sont
hérissées de défenseurs, qui le foudroient
de droite et de gauche ; ni refuge, ni abri ;
ce que l'ennemi a dû abandonner, crépite en
proie à l'incendie. A la tête des plus hardis
sont les comtes de San Estevan de Gormas
et de Rupelmonde ; sous un feu si meurtrier,
il faut pourtant bien faire un mouvement de
retraite. A ce moment, un coup de feu atteint
Rupelmonde; il chancelle; on l'entraîne ; on
le tire de la mêlée ; mais la blessure est
mortelle et le lendemain il expire[1].

Le marquis de Zuniga apporta le 24 dé-

---

1. **Relation du duc de Vendôme.** *Journal de Sourches.*

cembre, à Versailles, le récit de la victoire
de Villaviciosa et le compte des pertes qu'elle
avait coûtées. Ce même duc d'Albe, qui avait
présidé cinq ans plus tôt au mariage de
M. de Rupelmonde, amena dans son carrosse,
au château, celui qui apportait la nouvelle de
sa mort, et le duc sans doute eut la pénible
mission d'en faire part à la jeune veuve.

Ainsi, à vingt-huit ans, disparaissaient
dans l'attaque d'un petit bourg tant de rêves
et d'espérances. Comme à son père, le temps
se dérobait à Philippe-Maximilien pour faire
de ses songes ambitieux des réalités. Peut-
être manquait-il d'extérieur et de brillant;
son éducation dans un vieux château des
bords de l'Escaut l'avait mal préparé à la vie
de cour; son esprit flamand, net, positif et
un peu court, prêtait le flanc aux railleries
des courtisans. L'Espagne n'en perdait pas
moins, avec lui, un bon et utile soldat. Il
avait l'amour de son métier, l'esprit de devoir, la ténacité à l'accomplir jusque sous le
feu et, ce qui en était le fruit, l'intrépidité
résolue, le courage calme, toutes ces qualités
par lesquelles les gardes wallonnes ont
maintenu, sur les champs de bataille de

l'Europe, la réputation militaire de l'Espagne décadente.

Le 7 mai 1712, son cœur, enfermé dans une urne, arriva à Rupelmonde. Il fut déposé dans le caveau de ses pères.

———

CHAPITRE VI

LE VEUVAGE

La mort de M. de Rupelmonde laissait sa veuve sans grand appui dans le monde. Sa belle-mère était morte dès 1707 ; elle ne sortait d'ailleurs pas de ses terres de Flandre, toute absorbée par l'administration de sa fortune. Le marquis et la marquise d'Alègre avaient à faire face à beaucoup d'embarras. La marquise s'était déconsidérée par ses excentricités ; ses folles dépenses avaient gravement compromis son énorme fortune et en 1708, il avait même été question d'une séparation entre les époux : « On dit, écri- » vait M\ :sup\:me de Maintenon, que M\ :sup\:me d'Alègre » a fait des emprunts que son mari ne sait » pas [1]. »

1. 24 mai 1708.

En 1711, ce fut M. d'Alègre qui faillit mourir : « M. le marquis d'Alègre a reçu » tous ses sacrements ces jours derniers. » Madame sa fille lui a donné toutes les » marques qu'elle devait de son amitié et de » sa reconnaissance ; elle aurait tout perdu » en le perdant et c'était un très honnête » homme. Tout ce qu'il a était déjà demandé.[1] »

M. d'Alègre se tira d'affaire et les quémandeurs en furent pour leurs démarches.

Mais tant de coups répétés étaient bien matière à de sérieuses réflexions pour Mme de Rupelmonde, dans la retraite où la plongeait son deuil ! Il ne parut guère qu'elle les ait faites. Les côtés brillants de sa situation l'éblouissaient.

A Versailles, on la regrettait ; c'est encore Mme de Maintenon qui nous le dit : « Mme la » duchesse de Bourgogne est bien fâchée de » perdre pour un an Mme de Rupelmonde ; » notre cour s'en accommodait à merveille. » Elle joue, elle danse, elle monte à cheval » et passe pour très bonne femme[2]. »

---

1. Mme de Maintenon à Mme des Ursins, 16 novembre 1711.
2. A la même.

A Madrid, on regrettait M. de Rupelmonde et pour marquer combien il appréciait sa perte, Philippe V assigna à sa veuve, malgré le délabrement des finances espagnoles, une pension de dix mille livres. Les services de M. de Rupelmonde méritaient assurément cette distinction ; mais à ce que sa veuve l'obtînt en de telles circonstances, l'amitié de Mme des Ursins n'y fut certes pas étrangère. Les d'Alègre ne s'y trompèrent pas : « Vous m'attirez des remercîments de tous » côtés, lui écrivait Mme de Maintenon, » Mme de Ruplemonde, avec toute sa famille » me remercie de la pension que le Roi lui » donne . »

Et toujours enchantée de la jeune femme, elle ajoutait : « Il est vrai que Mme de Rupel- » monde s'est fort bien conduite dans notre » cour, rien n'est plus honorable pour elle » que le bien que lui fait votre Roi et rien » de plus beau pour lui, que louer et récom- » penser le service d'un homme qui n'est » plus. »

On peut douter que les quartiers de cette

1. A la même, Saint-Cyr, 22 février 1711.

pension aient été très régulièrement servis ;
mais c'était plus l'hommage rendu aux méri-
tes du défunt que l'aide matérielle qui flat-
tait sa veuve. Sa fortune lui permettait
assurément de s'en passer. Elle avait reçu
en dot cinquante mille écus ; les revenus de
son mari étaient estimés à quarante mille
livres par an. C'était considérable et la gestion habile de sa belle-mère avait maintenu
ces biens en parfait état. Mais depuis la
mort de celle-ci, les choses avaient été un
peu à l'abandon. Il ne semble pas que M. de
Rupelmonde ait reparu en Flandre depuis
son mariage. Tout était aux mains de Canthaels et, si dévoué qu'on le supposât, il était
inévitable qu'à la longue des abus se pro-
duisissent ; l'œil du maître était donc nécessaire et Mme de Rupelmonde résolut d'employer ses derniers mois de retraite, à
parcourir ces grandes terres où elle n'avait
encore jamais paru. Le 28 avril 1713, elle
est à Wissekercke ; on y conserve encore le
registre où l'intendant de la baronnie lui a
rendu ses comptes ; tout a été examiné article par article ; elle a consigné en marge
ses observations, avant de donner décharge

par sa signature. Ainsi fait-elle sans doute
le tour de ses biens de Flandre et de Hollande, toujours assistée de Canthaels.

A Versailles, ce voyage fait le meilleur
effet : « Madame de Rupelmonde, écrit
» Mme de Maintenon, fait fort bien ses
» affaires et fort sagement en Hollande. J'au-
» rais regret à elle, si vous l'attiriez en
» Espagne, si je prenais encore quelque part
» à ce qui se passe ici [1]. »

C'était un regret que d'aucune manière,
Mme de Rupelmonde ne songeait à lui faire
éprouver. En bonne fille de l'Auvergne, elle
donnait à sa fortune les soins les plus attentifs. Elle trouvait sans doute du plaisir et de
l'intérêt à parcourir ces belles et riches
terres, à se mettre au courant de ses affaires ; mais quant à prendre au sérieux son
rôle de sujette du Roi Catholique, à se
retirer aux Pays-Bas, à se monter à Malines,
ou seulement à Bruxelles, la maison garnie
de douze mille francs de meubles à laquelle
lui donnait droit son contrat de mariage,
cette pensée n'avait même pas effleuré l'es-

1. A la même, 6 février 1713.

prit de la jeune veuve qui, sa tournée finie,
courait la poste sur la route de Versailles.

Elle avait hâte de reparaître enfin dans le
monde. Sans doute elle trouverait la cour
bien changée. La mort avait terriblement
fauché autour du vieux Roi. La duchesse de
Bourgogne, qui donnait de si sages avis,
n'était plus. Mais elle y retrouvait nombre
de compagnes et de compagnons, la duchesse
de Berry, en tête. Elle aussi était veuve et
s'en consolait avec du champagne.

Elle retrouvait surtout sa sœur cadette qui
venait d'épouser le comte de Maillebois, fils
du contrôleur général Desmaret. On le voit,
les déboires de l'alliance Barbezieux, n'avaient
pas dégoûté les d'Alègre des alliances minis-
térielles. Le ménage de la cadette, pourtant,
ne devait pas mieux tourner, mais pour de
plus sérieuses raisons, que celui de son
aînée. Le Roi avait, en attendant, comblé les
jeunes époux de ses grâces, il avait nommé
le jeune homme à la charge de grand maître
de sa garde-robe, une des charges qui per-
mettaient de l'approcher le plus près et le
plus fréquemment, et il avait donné deux
cent mille livres pour la payer et un brevet

de retenue du reste. D'Alègre avait passé à
son gendre sa lieutenance générale de Languedoc. Ainsi il mariait encore sa dernière
fille, sans qu'il eût à ouvrir sa bourse.

« Mme de Maillebois est bien faite, grande,
» blanche, innocente, une belle bouche et
» des dents admirables ; elle a quelqu'air de
» Madame sa mère, quoique moins belle. Il
» faut qu'elle imite Mme de Rupelmonde qui
» s'est très bien conduite à notre cour[1]. »
Le portrait est de Mme de Maintenon, le vœu
aussi. Celui-ci ne tardera pas à être réalisé,
mais nullement au sens où l'entendait son
auteur. A imiter sa sœur, l'innocence de
Mme de Maillebois aura bientôt fait naufrage
et nous allons voir les noms des deux sœurs
accouplés sous la plume des satiristes de la
Régence.

Car la jeune veuve qui arrive à Fontainebleau en septembre 1713, ne ressemble
guère à la « bonne femme » rieuse et naïve
qui s'est retirée de la cour, à la Noël de 1710.

« Nous avons ici Mme de Rupelmonde,
» écrit à cette date la vieille marquise, mais

---

1. Mme de Maintenon à Mme des Ursins, 6 février 1713.

» comme je ne vois plus personne, je ne l'ai
» point vue. » Qu'eut-elle gagné à la voir ?
Et qu'eut gagné la comtesse à forcer cette
retraite ?

La marquise eût dû renoncer, sur le
compte d'une personne qu'elle aimait, à des
appréciations dont la bienveillance pouvait
être illusoire en 1713, mais avait eu ses raisons d'être. Car si l'on peut admettre qu'a-
lors vieille, découragée, sentant son règne
fini, et n'aspirant plus qu'à la retraite, elle
s'en tenait à ses jugements d'antan, il est
bien certain que tant que vécut la duchesse
de Bourgogne, elle exerça sur l'entourage
de la jeune princesse, une surveillance
sévère et qu'elle prenait ses renseignements
à bonne source. Si Mme de Rupelmonde eût
donné des soupçons de galanterie, Mme de
Maintenon l'eût-elle plus épargnée que sa
propre nièce, Mme de Caylus, qu'elle envoya
en exil ? La manière, du reste, dont elle en
parle est trop nettement élogieuse pour
n'éloigner pas tout doute sur la vertu de
Mme de Rupelmonde, tant que vécut son mari.

Mais il faut bien aussi admettre que, quand
elle reparut à la cour, la femme naïve et

innocente avait disparu. La retraite, loin de
mûrir ses idées, avait exaspéré ses désirs et
elle rentrait dans le monde avec les folles
dispositions de la jeunesse qui s'impatientait
du joug, que faisait peser sur elle la dévotion
du vieux Roi, et qui sut si bien se rattraper
de sa contrainte pendant la Régence. Recommencer sa cour auprès d'une vieille femme
qui ne cherchait plus le crédit, à quoi cela
eût-il servi à une veuve qui ne pensait plus,
semble-t-il, qu'à profiter de sa jeunesse et
de son indépendance ?

Dès 1714, la mauvaise réputation de
Mme de Rupelmonde avait passé la Manche.
Le traité de Ryswcyk avait rétabli la paix
entre la France et les alliés ; il fallait reprendre avec Londres les rapports diplomatiques
et Louis XIV songea à nommer à l'Ambassade le marquis d'Alègre qui s'était ménagé,
durant sa captivité, assez bien d'intelligences
en Angleterre. M. d'Alègre, qui n'avait pas
encore cueilli à la guerre tous les lauriers
qu'il rêvait, ne dédaignait pas — nous l'avons
vu, — d'en chercher d'autres dans la diplo-
matie. A Londres, le choix était bien vu. Mais
Mme de Rupelmonde devait accompagner son

père et faire les honneurs de l'Ambassade.
Peut-être pensait-elle à l'étrange fortune de
Louise de Keroualle[1]. La cour de Saint-James
s'en souvint à coup sûr et s'effraya de la
venue de cette veuve de mœurs faciles et
d'esprit insinuant : « Le choix que le Roi a
» fait de M. le marquis d'Alègre, écrivait le
» chargé d'affaires français[2], pour son ambas-
» sadeur en cette cour, est fort applaudi. Il y
» est connu avec beaucoup d'estime ; mais
» vous rirez, Monseigneur, de l'inquiétude
» que le Roi[3] et la Princesse de Galles[4]
» ont déjà marqué de l'effet des charmes de
» la marquise de Rupelmonde qui doit venir
» ici avec lui. Un homme qui a part au secret
» du ministère, étant un peu échauffé de vin, a
» dit qu'on a déjà pris de bonnes mesures
» pour prévenir le Prince contre elle. »

Je ne sais si le ministre se gaussa de ces

---

1. Louise de Penancoët de Keroualle, fille d'honneur de
Mᵐᵉ Henriette, l'accompagna dans son voyage en Angleterre,
devint la maîtresse de Charles II et fut créée duchesse do
Richmond. Elle était pensionnée par la cour de France.

2. D'Herville à Torcy, 28 novembre 1714.

3. Georges Iᵉʳ, roi d'Angleterre, couronné 31 octobre 1714.

4. Wilhelmine-Charlotte de Brandebourg-Anspach, mariée
à Georges-Auguste, prince de Galles, depuis Georges II.

craintes; il ne les trouvait peut-être pas si
ridicules. Il en instruisit, en tout cas, le
Roi[1] et le voyage de Mme de Rupelmonde
n'eut pas lieu.

Notre héroïne le regretta-t-elle ? Il n'y
parut certainement pas ; car, aussitôt le Roi
mort, elle occupe une place en évidence,
ainsi que sa sœur de Maillebois, dans les
chansons qui inondent Paris sur les dames
de l'entourage du Régent. On appelait les
deux sœurs *la brune et la blonde*. Mme de
Rupelmonde était même un peu plus que
blonde. Elle était, au dire de Saint-Simon,
« rousse comme une vache », mais, « avec
de l'esprit », bien faite, souple et d'une
grâce accomplie à la danse.

Un satiriste la peignait sous les traits de
« Sainte-Nitouche » :

> Quand sa mère approchait
> Faisait la souche,
> Pas un mot ne disait, etc.

Le même portrait servait pour elle et

1. « J'ai rendu compte à Sa Majesté de l'inquiétude que bien
de gens témoignent du voyage de Mme de Rupelmonde. »
Torcy à d'Herville, 13 septembre 1717.

Mme de Parabère, qui ne s'est pourtant pas
entourée de mystère, ni embarrassée aux
bienséances.

Un autre chansonnier prêtait à Mme de
Maillebois, des propos d'un tout autre genre
sur le compte de sa sœur :

> Je ne suis pas la Rupelmonde,
> Dit la Maillebois courroucée ;
> Non je n'aime pas tout le monde.
> Faites ailleurs votre marché.
> J'en voulais un, je l'ai trouvé.
> Retournez à la blonde.
> J'en voulais un, je l'ai trouvé,
> Ma sœur n'en a jamais assez.

Ainsi chansonnait-on en 1716, mais comme
dans le monde de la chanson, aussi bien
qu'ailleurs, tout n'est que contradiction, le
« catalogue des livres distribués par M. du
Fay pour l'année 1717 » — genre de satire,
cher aussi au xviiie siècle et où les allusions
malignes transparaissaient sous les titres et
dédicaces de livres imaginaires — on trouve
un « traité de l'extrême ennui de l'indifférence forcée par Mme de Rupelmonde, dédié
à Mme la maréchale d'Estrées ». Par contre
la comtesse d'Evreux dédie à Mme de Mail-

lebois un « traité des agréments de l'amour
et de l'inconstance ». Faut-il en conclure que
malgré son peu d'exigence, le cœur de
Mme de Rupelmonde ne trouvait pas, en ce
moment, qui cherchât à l'occuper et que sa
sœur avait renoncé à sa réserve de l'année
précédente ? Ou n'est-il pas plus juste, — et
plus charitable, — de trouver dans ces varia-
tions, la preuve du mince crédit que méritent
tous ces chansonniers hargneux et rensei-
gnés par à peu près ? La réputation d'une
dame n'a-t-elle pas parfois dépendu de l'har-
monie d'une rime ?

Mais d'autres pièces encore s'occupent des
deux sœurs : Tel ce Noël, ordurier autant
qu'impie, où Sainte-Nitouche reparaît dans
ce conseil à sa sœur :

> Il faut dissimuler, c'est ainsi que je pense :
> Jamais de confidence.

Telle encore cette chanson dont on peut
conclure, que la beauté de la Rupelmonde
était ce qu'on appelle la beauté du diable :

> Rupelmonde, de ta beauté
> Le temps bientôt sera passé.

Et le chansonnier terminait par un conseil

de profiter du beau temps, que Mme de Rupelmonde ne semble pas s'être fait faute de
suivre.

Même en faisant la part de la malveillance
et de l'exagération, il faut bien reconnaître,
que ces années d'effervescence de la Régence
sont le point noir de la vie de la comtesse.
« Fort peu contrainte sur la vertu et jouant le
» plus gros jeu du monde », nous la montre
Saint-Simon. Et il semble bien que, cette
fois, il n'ait pas beaucoup exagéré. Sans
doute, il y a, à son cas, des circonstances
atténuantes. Outre l'atmosphère de liber-
tinage dans laquelle elle vit, jeune, veuve,
riche, aimant le plaisir, recherchée pour son
esprit, elle ne dépend de personne, ne doit
de comptes à personne, n'a, pour se retenir
sur la pente où tout ce qui l'entoure glisse,
ni une affection où s'attacher, ni des principes où se retenir.

Et les pamphlets continuent à la chanson-
ner. En novembre 1720, paraissent les *Vins
de la Cour*. Celui du Roi est de *bonne espérance*. C'est d'un bon royaliste ; celui du
Régent *diabolique*, celui de la vieille Madame
sent la vieille futaille ; c'est peu galant. Celui

du premier Président est *frelatté ;* celui de
Mme de Rupelmonde *rappelle son buveur.*

Mais encore ce buveur, qui était-il ou qui
avait-il été ? Saint-Simon parle d'« une longue et publique habitude » avec le comte de
Gramont, que nous retrouverons plus tard.

Le Noël de 1717 cite comme ami en titre
le duc de Villequier[1]. Faut-il à ces deux
ajouter Voltaire ? Nous allons l'examiner ;
mais l'inscrivît-on sur la liste, cela ne fait
que trois, et elle est close. Sans doute, en
bonne morale, c'est trop de trois et le sentiment ne suffit plus à excuser de tels erre-
ments ; c'est peu cependant pour être accusée
d'accueillir tout le monde.

---

1. Louis-Marie d'Aumont, duc de Villequier, par démission
de son père, premier gentilhomme de la chambre du Roi,
né en 1690, mort le 5 novembre 1723.

CHAPITRE VII

LE VOYAGE AVEC VOLTAIRE

A la fin d'août 1722, Mme de Rupelmonde partit pour les Pays-Bas.

Voyage d'affaires ? Probablement, car il y a neuf ans qu'elle n'est venue en Flandre e t ses affaires réclamaient sa présence en Hollande.

Partie de plaisir ? Assurément ; car elle part en compagnie d'un jeune poète de vingt-huit ans, étincelant d'esprit, entreprenant avec les dames, sans égal dans l'art de leur tourner un madrigal. Arouet de Voltaire, malgré sa jeunesse, sortait de la Bastille. Mais la hardiesse des pièces de vers, qui lui avaient valu d'y faire ce séjour, loin de lui nuire dans une société licencieuse, y avait tout de suite établi sa réputation d'homme d'esprit et d'audacieux libertin. C'était bien le plus

agréable et le plus charmant compagnon de
voyage pour une femme d'esprit prompt et
de morale indulgente, et cette excursion,
faite ensemble, noua entre eux, une amitié
qui paraît s'être continuée sans orage jusqu'à la mort de la grande dame. Le fait est
assez rare dans la vie de Voltaire pour mériter d'être signalé.

Les deux voyageurs firent leur première
halte à Cambrai. Ils trouvèrent la vieille cité
toute bouleversée par les préparatifs d'un
Congrès, envahie par des plénipotentiaires
de toutes nationalités. A peine installé, Voltaire fit part de ses impressions au cardinal
Dubois, archevêque de Cambrai et protecteur du poète. Sa lettre fut bientôt citée
partout et, quoiqu'il en veuille paraître en
nuyé, on peut le soupçonner de n'avoir pas
été étranger à cette divulgation ; il était assez
dans ses habitudes, d'occuper par des voies
détournées le public de sa personne.

> Une beauté qu'on nomme Rupelmonde,
>   Avec qui les amours et moi
>   Nous courons depuis peu le monde,
>   Veut qu'à l'instant, je vous écrive.
>   Ma Muse, à lui plaire attentive,
> Accepte avec transport un si charmant emploi.

« Nous arrivons, Monseigneur, dans votre
» métropole, où je crois que tous les ambas-
» sadeurs et tous les cuisiniers de l'Europe
» se sont donnés rendez-vous. Il semble que
» tous les ministres d'Allemagne ne soient
» à Cambrai que pour faire boire la santé de
» l'Empereur. Pour messieurs les ambassa-
» deurs d'Espagne, l'un entend deux messes
» par jour, l'autre dirige la troupe des comé-
» diens. Les ministres anglais envoyent
» beaucoup de courriers en Champagne et
» peu à Londres[1]. » Le tableau pour piquant
qu'il soit, est cependant fidèle. Dubois ne
jugeait guère autrement le Congrès. « Nous
» le verrons, disait-il, passer la moitié de
» son temps à règler son cérémonial, l'autre
» moitié à ne rien faire jusqu'à ce que des
» incidents inattendus le fassent dissoudre. »
Et réellement les préliminaires durèrent
jusqu'au 24 janvier 1724.

Mais à défaut d'affaires sérieuses, les ministres multipliaient les fêtes ; le moindre
prétexte leur était bon à donner à dîner ou
à danser, et c'était entre les différentes na-

---

1. Voltaire. Œuvres complètes. Paris, Garnier 1880.

tions à qui rivaliserait de magnificence. On
comprend quel accueil ils firent à nos deux
pèlerins. Ils furent de toutes les fêtes : le
25 août, c'est chez le marquis de Saint-Con-
test, le plénipotentiaire français, qui, pour
fêter la Saint-Louis, donna « une fête des
plus magnifiques ». Quelques jours plus tard,
c'est le premier ambassadeur d'Espagne, le
comte de San-Estevan, qui célèbre les fiançailles de l'infant don Carlos et de Mlle de
Beaujolais [1], en traitant avec la dernière magnificence, non seulement ses collègues,
mais tout ce qu'il y a de considérable dans
la ville. Après le repas, servi en deux tables,
il y a bal, illuminations ; deux fontaines de
vin coulent dans les rues à la discrétion du
public. Dix jours après, c'est le tour du ministre de l'Empereur, le comte de Windisch-
Graetz, de déployer son faste pour célébrer
la fête patronymique de son maître. A toutes

---

1. **Philippe-Elisabeth d'Orléans**, cinquième fille du **Régent**,
fiancée à don Carlos, Infant d'Espagne. Le duc de Saint-Simon
la mena solennellement en Espagne, à son futur mari. Mais
Louis XV ayant renvoyé l'Infante à qui il avait été fiancé,
Philippe V à son tour renvoya en France, Mlle de Beaujolais
dont le mariage n'avait point été consommé. Elle mourut à
Bagnolet, 21 mai 1734.

ces réunions on s'arrache nos deux voyageurs, étincelants d'esprit et étourdissants
d'entrain. Voltaire exulte : « Je suis, écrit-il,
» dans le moment à Cambrai où je suis reçu
» beaucoup mieux que je ne l'ai jamais été à
» Paris[1]. » A un souper chez Mme de Saint-
Contest, l'avant-veille de leur départ, on
exprime le désir d'entendre *Œdipe*[2] en présence de l'auteur. Mais M. de Windisch-
Graetz a décidé le spectacle pour le lendemain : ce seront *les Plaideurs*, de Racine ;
ceci prouve, — disons-le en passant, — que
le plénipotentiaire espagnol ne s'était pas
exclusivement arrogé la direction de la comédie. Impossible cependant de modifier le
programme sans l'assentiment de l'Excel-
lence. Mme de Rupelmonde se charge de
l'emporter et Voltaire compose, en son nom,
un placet qu'il remet lui-même au diplo-
mate :

> Seigneur, le Congrès vous supplie
> D'ordonner tout présentement
> Qu'on nous donne une tragédie,
> Demain, pour divertissement ;

1. A Thiérot, 10 septembre 1722.
2. Tragédie de Voltaire.

Nous vous le demandons au nom de Rupelmonde,
    Rien ne résiste à ses désirs ;
    Et votre prudence profonde
    Doit commencer par nos plaisirs,
A travailler pour le bonheur du monde.

Windisch-Graetz aurait eu mauvaise grâce à regimber : il accorda volontiers, au nom de la belle dame, la tragédie qu'on lui demandait et la même main qui avait tourné le placet, libella la réponse :

L'Amour vous fit, aimable Rupelmonde,
    Pour décider de nos plaisirs ;
Je n'en sais pas de plus parfait au monde
    Que de répondre à vos désirs.
Sitôt que vous parlez, on n'a point de réplique
Vous aurez donc *Œdipe* et même sa critique [1].
L'ordre est donné pour qu'en votre faveur,
    Demain l'on joue la pièce et l'auteur.

Le lendemain de ce triomphe, le couple errant se remit en route pour la Belgique.

A Bruxelles, l'auteur d'*Œdipe* descendit dans la maison qu'y possédait sa compagne de voyage. Le premier soin du jeune homme fut de rendre visite à Jean-Baptiste Rousseau, banni de France. Il sut se montrer si

---

1. *Œdipe travesti*, critique de la pièce par Dominique. Cette seconde pièce était donnée à la prière de Voltaire.

empressé, si caressant, si finement spirituel
que le vieux poète en fut charmé. « M. de
» Voltaire, écrivait-il, a passé ici onze jours
» pendant lesquels nous ne nous sommes
» guère quittés. J'ai été charmé de voir un
» jeune homme d'une si grande espérance.
» Il a eu la bonté de me confier son poëme
» pendant cinq ou six jours. Je puis vous
» assurer qu'il fera très grand honneur à
» l'auteur [1]. »

Peu après, les deux écrivains se brouillè-
rent, et Rousseau se vantant d'avoir ouvert
à son cadet les portes de l'aristocratie bru-
xelloise, se plaignit âcrement d'avoir eu, avec
un tel protégé, « à souffrir, pour l'expiation
» de ses péchés, tout ce que l'importunité,
» l'extravagance, les mauvaises disputes d'un
» étourdi fieffé peuvent causer de supplices
» à un homme posé et retenu. » Et Voltaire
de répliquer, non sans quelque ombre de
raison. « Il dit qu'il me présenta chez M. le
» gouverneur des Pays-Bas. La vanité est
» un peu forte. Il est plus vraisemblable que
» j'y ai été avec la dame que j'avais l'hon-

---

1. Lettres de Rousseau. A M. Boutet, le fils. Bruxelles, 20 septembre 1722.

» neur d'accompagner[1].» Mme de Rupelmonde, en effet, petite-fille, par son mari, d'une d'Aremberg, voyait s'ouvrir devant elle, à ses voyages, les salons les plus aristocratiques de Bruxelles, et mieux valait se présenter à sa suite chez le Gouverneur général, que de se recommander d'un poète proscrit.

Mais au moment où Voltaire et sa compagne prenaient le chemin de La Haye, tout était encore lait et miel pour les deux auteurs. Le nôtre, cependant, s'inquiétait de ce qu'on pourrait croire que le but de son voyage avait été d'aller embrasser Rousseau. « Je vous prie de répandre, recommandait-il » à Thériot, que je n'ai été en Hollande que » pour y prendre des nouvelles sur l'impres » sion de mon poëme et non point du tout » pour y voir M. Rousseau[2]. Et cinq jours après, lui-même, écrivait à un autre correspondant : « Je resterai encore quelques jours » à La Haye pour y prendre les mesures né- » cessaires sur l'impression de mon poëme[3].

A l'aller ou au retour les voyageurs firent

---

1. Elie Harel. *Voltaire. Particularités curieuses de sa vie.*
2. La Haye, 2 octobre 1722.
3. A la Présidente de Bernières. La Haye, 7 octobre 1722.

ils arrêt à Rupelmonde et à Wissekercke ? Les archives du vieux château sont muettes. Tandis que les gros registres reliés en veau, où les régisseurs rendirent compte de leur gestion en 1713 et en 1735, y existent encore, celui de 1722 a disparu. Il a pourtant existé, puisqu'en 1735 les comptes n'embrassent qu'une période de 13 à 14 ans. Mais le passage des deux pèlerins dans ce pays écarté, a dû être rapide. Un château abandonné dans un coin lointain du pays « Welche » ne pouvait longtemps retenir le poète. Tandis que la Comtesse écoutait les rapports de son intendant, annotait les comptes, selon son habitude, peut-être parcourait-il les vieilles allées, regardait-il l'or pâlissant des feuilles teinter l'eau calme des étangs ; peut-être est-ce devant ce ciel doux et bas des Flandres, si bas qu'à l'horizon il semble s'évanouir dans l'Escaut, que le poète assembla ces vers :

Quand Apollon, avec le dieu de l'Onde,
Vint autrefois habiter ces bas lieux
L'un sut si bien cacher sa tresse blonde,
L'autre ses traits, qu'on méconnut les dieux.
Mais c'est en vain qu'abandonnant les cieux,
Vénus, comme eux, veut se cacher au monde.

On la reconnait au pouvoir de ses yeux,
Dès que l'on voit paraître Rupelmonde [1].

La Haye plut infiniment à Voltaire, et le climat de Hollande dont il a si durement parlé plus tard, lui paraissant doux en si aimable compagnie, il attendait la fin des beaux jours pour le quitter. Sa santé, qui fut toujours pour lui un grand souci, se trouvait bien de l'air des Pays-Bas et des passe-temps qu'offrait la capitale hollandaise. « Je monte » ici tous les jours à cheval, écrivit-il, je » joue à la paume, je bois du vin de Tokay, » je me porte si bien que j'en suis étonné. » Je compte faire le voyage en poste sur mes » maigres fesses. »

Mais ces divertissements n'absorbaient pas tout le temps de Voltaire ; il lui en restait encore pour la poésie et la philosophie. Mme de Rupelmonde, dit un de ses biographes, « à » une âme pleine de candeur et un penchant » extrême à la tendresse, joignait une grande » incertitude sur ce qu'elle devait croire. » Elle aimait Voltaire et déposait avec con- » fiance dans son sein ses doutes et ses per-

1. *Œuvres complètes de Voltaire.* Tome X. Garnier 1877.

» plexités [1]. » Le bon apôtre se chargea de fixer ses incertitudes et d'éclairer ses doutes. Il résuma ses savants entretiens dans *l'Epitre à Julie*, connue plus tard sous le titre : *Le Pour et le Contre*.

> Tu veux donc, belle Uranie,
> Qu'érigé par ton ordre en Lucrèce nouveau,
> Devant toi, d'une main hardie,
> Aux superstitions, j'arrache le bandeau ;
> Que j'expose à tes yeux le dangereux tableau
> Des mensonges sacrés dont la terre est remplie,
> Et que ma philosophie
> T'apprenne à mépriser les horreurs du tombeau
> Et les terreurs de l'autre vie...
>
> .   .   .   .

Le morceau est d'un beau souffle poétique, mais d'une singulière hardiesse philosophique. C'est une confession de déisme, et pour que le poète ose s'adresser à elle avec une telle licence de pensée, il faut que la tendre et perplexe pénitente ait, dans l'épanchement de leurs entretiens, montré à son très laïque confesseur, un esprit bien détaché de la foi chrétienne et déjà tout gagné à ses négations philosophiques. De son côté,

---

1. Vie de Voltaire par Duvernet-Genève. 1786. A. I.

au sortir de la Bastille, il n'osait montrer
ainsi à nu son impiété, que parce que le
morceau était une réponse confidentielle aux
inquiétudes d'un esprit chéri et aux perple-
xités d'une amie sûre ; elle ne devait pas
sortir de la stricte intimité : « Je viens d'ache-
» ver un ouvrage que je vous montrerai à
» mon retour, écrivait-il à son fidèle Thé-
» riot, et dont je ne peux rien vous dire à
» présent. Les cafés ne verront pas celui-là,
» sur ma parole. »

Ses affaires terminées à La Haye, la belle
Uranie repartit pour Bruxelles. L'intimité
reprit entre Rousseau et Voltaire ; dans une
de ces longues promenades que les deux
poètes aimaient à faire dans les environs de
la ville, avec la Comtesse en tiers, et où les
trois interlocuteurs agitaient les plus hauts
sujets, Voltaire ne put se retenir de solliciter, pour son *Epitre à Julie*, l'approbation
de son aîné. Tant d'irréligion choqua le vieux
Rousseau devenu dévot ; il finit par inter-
rompre Voltaire et par lui dire d'un ton sévère, qu'il s'étonnait d'être choisi pour une
telle confidence. Voltaire voulut se défendre,
mais ses explications ne firent qu'aggraver

8

son cas et son confrère menaça de descendre
de carrosse, s'il continuait. L'autre lui demanda de garder du moins le silence ; il le
promit.

Telle est, du moins, la version de Rousseau. Mais, d'après Voltaire, ce fut le vieux
proscrit qui soumit au jugement de ses amis
l'*Ode à la Postérité* et le *Jugement de Pluton* :
« Ce n'est pas là, notre maître, lui dit tout
» rondement le jeune poète, du bon et grand
» Rousseau. » Il appuya son sentiment de
quelques raisons. Mais cette franchise avait
offensé le vieux rimeur et quand, peu après,
Voltaire et sa compagne quittèrent Bruxelles,
les adieux furent aussi froids que la première rencontre avait été affectueuse.

En regagnant la France, les deux pèlerins
firent encore une étape à Marimont où le
duc d'Aremberg [1] les avait priés pour une

---

1. Léopold, duc d'Aremberg, d'Arschot et de Croy, né le 15
octobre 1690, premier pair et grand Bailly de Hainaut. Son
séjour à Paris, en septembre 1720, avait été marqué par une
scène scandaleuse. Le duc avait passé la nuit du 19 au 20 à
boire avec quatre compagnons de plaisir. On vint leur dire au
matin qu'on allait enterrer le sieur Nigon, avocat au Parlement, décédé tout proche dans le cloître de Saint-Germain-
l'Auxerrois. Le duc et ses amis descendirent bouteille et verre
en main. Le cercueil était exposé à la porte du défunt couvert

chasse. A en croire Rousseau, le premier
soin de Voltaire fut de déblatérer contre lui,
et il le fit même d'une manière si indigne à
Mons, à l'hôtellerie, que toute la table d'hôte
en fut outrée « et que jamais homme ne fut
» plus près d'être jeté par les fenêtres ». La
considération de M. d'Aremberg dont il s'était
réclamé, le sauva seule de ce danger.

Et maintenant, demanderons-nous, quels
ont été les rapports des deux voyageurs,
pendant cette excursion en tête à tête ? La
question paraît toute simple à résoudre et
croire, qu'entre ces deux êtres en plein âge

du drap mortuaire, entouré de cierges et d'un bénitier d'argent. Les ivrognes bouleversèrent le clergé qui s'apprêtait à
lever le corps, escaladèrent le cercueil, l'arrosèrent de vin et
d'eau bénite, criant: « Bois, mon pauvre Nigon, car tu es
mort de soif. » Ils suivirent avec quantité de simagrées le
convoi, bousculèrent tout dans l'église, couvrant les chants
d'église d'*alleluia* et de *requiem* retentissants. Mais le duc
d'Aremberg n'était plus parmi eux. Il était tombé ivre-mort
dans la chapelle funéraire ; ses camarades l'avaient porté chez
lui, puis étaient redescendus et s'adressant encore au cadavre :
« Viens avec nous, mon pauvre Nigon, disaient-ils, tu boiras
tant que tu voudras, puis *nous t'enterrerons comme nous
venons de le faire au duc d'Aremberg*, qui a tant bu qu'il dort
content. » Le curé de Saint-Germain qui n'avait pu faire finir
les jeunes fous porta plainte contre eux au Châtelet. Le lendemain, revenus à la raison, ils allèrent lui faire « de grandes
soumissions ». Le curé touché de leur repentir retira sa plainte.
Journal de la Régence, par **Buvat. A. I.**

de passion, d'idées également très larges et
de morale au moins relâchée, entre ce
poète friand de succès galants et cette veuve
nullement cruelle, l'esprit et la philosophie
aient fait tous les frais de l'association, semble
d'une naïveté un peu enfantine.

Et pourtant un doute reste; tel est, du
moins, l'avis d'un historien éclairé de Voltaire, M. Desnoireterres, et il asseoit d'abord
son sentiment sur une pièce de vers dédiée
à Mme de Rupelmonde, intitulée *les Deux
amours* et qui est, en effet, du tour le plus
platonique :

Certain enfant qu'avec crainte on caresse
Et qu'on connaît à son malin souris
Court en tous lieux précédé par les Ris,
Mais trop souvent suivi de la Tristesse ;
Dans les cœurs des humains, il entre avec souplesse,
Habite avec fierté, s'envole avec mépris.
Il est un autre amour, fils craintif de l'Estime,
Soumis dans ses chagrins, constant dans ses désirs
Que la vertu soutient, que la candeur anime,
Qui résiste aux rigueurs et croît par les plaisirs,
De cet amour le flambeau peut paraître
Moins éclatant, mais ses feux sont plus doux,
Voilà le dieu que mon cœur veut pour maître,
Et je ne veux le servir que pour vous.

M. Desnoireterres invoque ensuite une

aventure d'une nature toute différente :
« Voltaire, écrit-il, raconte à son ami Thé-
» riot une aventure à laquelle nous ferons
» allusion sans pouvoir la citer et qui ne
» dénote point en tout cas, un homme en-
» vahi par une passion exclusive. La visite
» qu'il décrit à son *fidèle Achate* en des vers
» dignes d'un meilleur thème, paraîtrait in-
» diquer une parfaite possession de soi et le
» droit d'user de sa personne de la façon la
» moins pardonnable. »

Pour être impartial, remarquons toutefois
que l'époque n'était pas aux passions exclu-
sives, que l'on s'y piquait de mener de front
plusieurs intrigues et que, si l'enfant au
« malin souris » entra dans celle de Voltaire et de Mme de Rupelmonde, ce fut avec
« les ris » du plaisir, mais non les feux
exclusifs de la passion. Il serait donc possible
que, malgré sa liaison avec la grande dame,
le jeune poète ait disposé de sa personne
dans quelque aventure d'occasion.

Quant à la pièce des « *Deux Amours* »,
imprimée dans *le Mercure* de juin 1725, elle
a souvent passé pour avoir été adressée à
Mme du Châtelet, à tort, puisque Voltaire ne

la connut que dans le courant de 1733. M. Clogenson affirme avoir eu sous les yeux le manuscrit, corrigé de la main de Voltaire, et qui portait l'adresse de la comtesse de Rupelmonde. Mais le fait qu'on ait pu la croire dédiée à Emilie, avec qui les rapports du poète ne s'en sont point tenus « au fils craintif de l'estime », ne permet guère d'en tirer un argument décisif pour l'honnêteté de sa liaison avec *Sainte-Nitouche*.

La question, on le voit, reste assez obscure pour qu'on hésite soit à inscrire notre poète sur la liste des dévots de cette sainte, soit à l'en effacer.

Malheureusement pour lui, elle ne lui avait pas inspiré que des poésies fugitives, et l'*Epître à Julie*, quoiqu'il en eût juré à Thériot, ne tarda pas à courir les cafés. On peut douter si ce ne fut point de son secret consentement ; mais, quoiqu'il en soit, la pièce arriva à la connaissance de l'archevêque de Paris, M. de Vintimille. Celui-ci en porta plainte au Régent. Le lieutenant de police, Hérault de Séchelles, manda Voltaire, et, il n'évita un nouveau séjour à la Bastille qu'en se désavouant et en endossant au

défunt abbé de Chaulieu la paternité de ses
vers.

Mme d'Alègre mourut à peu de temps de
là. Avec la pauvre Jeanne de Garaud de Caminade, il semble que se soit évanoui la
mauvaise chance du marquis d'Alègre, nommé bientôt lieutenant général du Roi et commandant les troupes en Bretagne, il était
compris encore dans la promotion des Maréchaux de France en 1724, et la même année,
ragaillardi par cette pluie d'honneurs, il se
crut, malgré ses soixante-cinq ans, capable
encore de perpétuer le nom d'Alègre et
épousa une jeune fille, Madeleine d'Ancez une
de Caderousse.

La charge de lieutenant général en Bretagne n'était pas une sinécure dans les circonstances présentes. Le duché avait été
profondément troublé pendant la minorité
du Roi. Il fallait encore pacifier les esprits.
Le nouveau Maréchal partit pour Rennes, au
mois de septembre 1724, emmenant sa jeune
femme et ses filles de Rupelmonde et de
Maillebois : « Dieu sait la vie qu'y vont mener
ces dames galantes » écrivait Marais en no-
tant leur départ dans son journal.

Ou l'avocat s'est trompé dans ses malveillants pronostics, ou les Bretons ont été plus discrets et plus charitables que le chroniqueur. Nul souvenir n'est resté, dans les archives ou dans les mémoires de l'ancien duché, du passage de ces trois beautés parisiennes. Nous ne savons même pas combien de temps elles éblouirent de leurs grâces la cité bretonne ; mais il semble bien, qu'y trouvant assez maigre chère, les deux sœurs revinrent passer l'hiver à Paris.

Avant de le quitter, elles avaient encore paru à une fête magnifique, organisée par M. le Duc[1] à Chantilly, pour fêter la Saint-Louis le 24 août 1724. Le Prince Premier Ministre y déploya le luxe et le faste de tradition à Chantilly. Les plus belles dames de la cour y furent conviées et une chanson qui fit fureur alors, prêtait au Ministre la triste intention d'avoir cherché à déniaiser son jeune maître :

Sur l'air : *lanlan là dérirette.*

Mesdames, vous trouverez bon

---

1. Louis de Bourbon, duc de bourbon, premier Ministre de Louis XV. On sait le scandale de sa liaison avec la marquise de Prie.

Qu'on vous écrive sur ce ton
De Landerirette
Ce qui se passe à Chantilly
Landeriri
Pour mettre en goût le Roi Louis
Mirlitons on a pris
Landerirette
Qui tous le balai ont rôti.

Chaque mirliton a son couplet et celui consacré à Mme de Rupelmonde, *la blonde* n'est ni le moins piquant, ni le moins corsé et ne se peut décemment citer.

Prince et mirlitons en furent pour leur courte honte. Le jeune Roi loua fort les belles eaux de son cousin, son feu d'artifice et ses illuminations; mais il n'égara ses yeux sur aucun de ces visages si habilement fardés, ni sur aucune de ces gorges si expertement dévoilées, qui se pressaient au devant de lui.

CHAPITRE VIII

DAME DU PALAIS

Le 20 avril 1725, le mariage du Roi avec
la princesse de Pologne fut déclaré [1] ; le 27,
la maison de la nouvelle Reine fut officiellement nommée. Mlle de Clermont [2] était
surintendante, la maréchale de Boufflers, [3]
dame d'honneur, la comtesse de Mailly, [4]

1. Marie Leczinska, fille de Stanislas, élu roi de Pologne,
dépossédé par l'Electeur de Saxe est désignée dans les rapports
diplomatiques et officiels sous ce titre.

2. Marie-Anne de Bourbon, dite Mlle de Clermont, née le
1er octobre 1697, fille d'Henri-Jules, prince de Condé et de
Mlle de Nantes. Elle avait épousé secrètement Armand de
Melun, duc de Joyeuse.

3. Catherine-Charlotte de Gramont, fille d'Antoine-Charles,
duc de Gramont, veuve depuis 1711 de Louis-François, duc
de Boufflers, pair et maréchal de France. C'est par une erreur
manifeste que le comte Fleury, dans son livre sur les mai-
tresses de Louis XV, dit que la dame d'honneur était la belle –
fille de la maréchale Madeleine-Angélique de Neuville.

4. Anne-Marie-Françoise de Sainte-Hermine, veuve, depuis
1699, de Louis, comte de Mailly. Elle était nièce à la mode de

dame d'atours. Il y avait douze dames du
Palais, six duchesses ou grandes d'Espagne :
les duchesses de Villars [1], de Béthune [2], d'E-
pernon [3] et de Tallaut [4], la princesse de
Chalais [5] et la comtesse d'Egmont et six
dames non titrées, les marquises de Rupelmonde, de Nesle [6], de Prie [7] et de Gon-

Bretagne de Mme de Maintenon et se démit en 1731 de sa charge
en faveur de sa fille, la duchesse de Mazarin.

1. Jeanne-Angélique Roch de Varangeville, femme de Louis-
Hector, duc de Villars, pair et Maréchal de France. Elle passait pour femme de beaucoup d'esprit, mais très galante. Elle
se démit en 1727 en faveur de sa belle fille.

2. Julie-Christine Gorge d'Antraigues, mariée le 3 avril 1709
à Paul-François de Béthune, duc de Charost, pair de France.
Elle était d'une famille de financiers et l'une des plus mal-
famées de la Régence.

3. Françoise-Gillonne de Montmorenci Luxembourg, mariée
par contrat du 29 octobre 1722 à Louis de Gondrin de Par-
daillon, duc, par démission de son grand'père, sous le nom
d'Epernon, et après la mort de celui-ci, d'Antin. Mme d'Antin
a laissé une réputation de grande beauté, mais aussi de beaucoup de galanterie.

4. Marie-Isabelle-Gabrielle, princesse de Rohan, née en 1699,
mariée le 15 mars 1713 à Marie-Joseph d'Hostun, duc de Tallart,
pair de France. Elle devint gouvernante des enfants de France.

5. Marie-Françoise de Rochechouart, fille de Louis, duc de
Mortemart, veuve du marquis du Cany et remariée à Jean-
Charles de Talleyrand, prince de Chalais et grand d'Espagne.

6. Armande-Félicité de la Meilleraye, fille du duc de Mazarin,
mariée à Louis de Mailly, marquis de Nesle. Elle eut de nombreux amants et fut la mère des sœurs Nesle, maîtresses suc-
cessives de Louis XV.

7. Agnès Berthelot de Pléneuf, mariée le 28 décembre 1713,

taut [1], les comtesses de Mérode [2] et de Matignon [3].

Aussitôt connus, la plupart de ces choix furent vivement critiqués du public. A défaut de mérite, le rang de Mlle de Clermont, la désignait pour la place de surintendante. La réputation intacte et la haute vertu de la maréchale de Boufflers, le nom glorieux qu'elle portait, étaient des titres reconnus de tous. Mme de Mailly reprenait, auprès de la jeune souveraine, les fonctions qu'elle avait remplies près de feu la dauphine. Mais c'étaient les noms des dames du Palais qui faisaient scandale. Le choix avait été laissé à la marquise de Prie, maîtresse en titre de

à **Louis**, dit le marquis de Prie, ambassadeur de Louis XIV à Turin.

1. Marie-Adelaïde de Gramont, nièce de la maréchale de Boufflers, mariée 30 septembre 1715 à François-Armand, marquis de Gontaut, duc et pair en 1731, par démission de son père, le maréchal de Biron.

2. Femme d'Alexandre Maximilien Balthazar de Gand de Mérode de Montmorenci, Comte de Middelbourg, dit le Comte de Mérode.

3. Edmée-Charlotte de Brenne, fille de Basile, comte de Bombon, mariée en mai 1720 à Marie-Thomas-Auguste de Goyon dit le comte de Matignon. Fille de financier, comme Mmes de Béthune et de Prie, elle partageait leur triste réputation.

M. le Duc, et comme la dame entendait s'inscrire en tête de la liste, au lieu d'entourer la
nouvelle reine des femmes les plus respec-
tables de la cour, elle avait cherché celles,
comme la duchesse de Béthune ou la comtesse de Matignon, auprès de qui ses origines équivoques et ses mœurs décriées ne
faisaient pas tache. Le public retrouvait sur
la liste des dames du palais les noms que
depuis dix ans, il était habitué à entendre
salir dans d'ordurières satires et, à part
quelques honorables exceptions, c'était, cette
liste, comme la table des matières des chansons de la Régence. Mme de Rupelmonde,
nous l'avons vu, a sa place dans ce chansonnier et comme elle n'était pas encore revenue aux sentiments de dévotion où nous allons
la voir, son choix, que sa naissance et sa situation eussent amplement justifié, sembla au
public le prix de sa liaison avec Mme de Prie.

Le 25 juillet, la maison royale se mit en
branle pour aller chercher Marie Leczinska
qui devait la rencontrer à Strasbourg. Toute
la cour s'était rendue à l'hôtel de Condé
pour souhaiter bon voyage, à Son Altesse
Sérénissime la surintendante, et c'était dans la

rue Saint-Honoré, un encombrement prodigieux de carrosses étincelants de dorures. A onze heures, le cortège se mit en marche. Quarante chariots d'équipages chargés de vaisselle, de bagages, de valets, précédaient les « deux carrosses du corps du Roi » attelés de huit chevaux, où la princesse avait pris place avec les dames qui étaient du voyage. Mme de Rupelmonde était de ce nombre. Le peuple, massé sur le passage, suivait d'un regard amusé ce cortège qui semblait quelque monstrueuse émigration.

Un pareil convoi se mouvait avec une majestueuse lenteur. Le 28, il n'était qu'à Montmirail. A la fin du souper « quand on était au fruit, » entra une marchande de bijoux. Mme de Nesle lui fit ouvrir ses écrins pour montrer les bijoux à Mlle de Clermont qui en acheta, et les dames présentes firent de même.

Le 12 août seulement, le cortège atteignait Saverne. Le cardinal de Rohan, évêque de Strasbourg et prince du Saint-Empire, attendait Mlle de Clermont pour lui faire les honneurs de son splendide château. Le roi Stanislas y était également arrivé au devant

d'elle. La princesse visita la maison, loua
fort la magnificence de l'appartement desti-
tiné à la Reine, puis alla à la messe dans la
chapelle castrale. Après l'office, Mlle de Clermont se mit à table avec le roi de Pologne,
ainsi qu'avec Mmes de Montauban, de Mont-
bazon, de Tallard, de Rupelmonde, etc., le
cardinal et quelques seigneurs. A six heures,
le cardinal fit les honneurs du jardin à l'Altesse et aux autres dames.

Au souper, Mme de Rupelmonde eut encore l'honneur de s'asseoir à la table de la
surintendante, mais le lendemain, comme
celle-ci soupa seule, Mmes de Béthune et de
Rupelmonde soupèrent de leur côté, avec le
cardinal et le comte de Lautrec.

Le 15 août enfin, le cortège était arrivé à
Strasbourg où il rencontra la princesse Marie,
et le mariage par procuration fut célébré
le même jour. Après la cérémonie, la nouvelle reine de France dîna, seule, en public
puis se retira dans son appartement. Mlle de
Clermont se mit alors à table et traita le
duc de Noailles et les dames de la maison
de la Reine : « Ce fut ici une assemblée des
» plus parfaites et un festin des plus accom-

» plis par la beauté des personnes qui le
» composaient, par la magnificence de leurs
» habits et par le grand nombre de pierreries
» dont elles étaient ornées. »

Ainsi s'exprime le chevalier de Daudet qui a laissé un récit minutieusement circonstancié de ce mémorable voyage. Nous n'y puisons que ce qui peut intéresser particulièrement Mme de Rupelmonde. Si grande dame qu'elle fût, elle n'a ici qu'un rôle secondaire et se confond dans le rang avec ses compagnes.

A deux heures, la surintendante présenta à la Reine les dames de sa maison. En s'entendant nommer, chaque dame s'approchait et, avec les révérences d'usage, venait baiser le bas de la robe royale. Dès cet instant la maison prenait ses fonctions et, au salut qui suivit la présentation, les dames commencèrent leur service.

Un souper chez le duc d'Antin et un grand bal terminèrent cette brillante journée. Le lendemain, le Roi et la Reine de Pologne voulurent encore donner à dîner à Mlle de Clermont et aux dames de leur fille. Puis le cortège reprit la route de Fontainebleau.

On revenait naturellement avec la même majestueuse lenteur qu'à l'aller ; mais en dépit du proverbe italien, la lenteur de cette marche n'évita pas tout mécompte aux dames de la suite et, en particulier, à Mme de Rupelmonde.

Ainsi le 3 septembre au matin, on quittait Provins. Il avait beaucoup plu ; l'eau avait défoncé les chemins ; les carrosses où étaient les dames du palais s'embourbèrent. On veut les tirer des ornières ; vains efforts. Les dames descendent des voitures ; elles n'en bougent pas plus. A bout de patience, Mmes d'Egmont et de Nesle enfourchent des chevaux de pages, et les voilà trottant sur la route jusqu'à ce qu'elles rencontrent le carrosse de Mlle de Clermont que la Reine a envoyé pour recueillir ses dames. Elles n'arrivent à l'étape de Montereau que dans la nuit, leur habit couvert de boue, leur personne toute entière dans le plus pitoyable état. La patience de Mme de Rupelmonde et des autres dames ne fut pas récompensée. Il fallut bien renoncer à faire sortir avant la nuit les carrosses du bourbier et, pour gagner Montereau, ces dames n' eurent

d'autre ressource que de faire décharger le
fourgon qui portait la vaisselle d'argent,
d'y étendre quelques bottes de paille, et c'est
accroupies sur cette litière qu'en grands
habits de brocard, chamarrés de dorures, elles
firent, échevelées et moulues, leur entrée à
trois heures du matin dans le petit bourg de
Montereau.

Le lendemain, il fallut se remettre en marche;
mais on approchait du but. Ce jour là, le cortège rencontrait le Roi Louis XV venu au
devant de sa femme avec toute une suite, où
se trouvaient notamment les dames du palais
qui n'avaient pu être du voyage : elles furent
sur-le-champ présentées à la Reine par la
surintendante.

Le 5, se fit la cérémonie du mariage; les
dames du Palais marchèrent dans le cortège
selon l'ordre qui réglait désormais leur pré-
séance : Mme de Rupelmonde venait huitième ;
Mme de Gontaut, puis Mme de Nesle la sui-
vaient.

Le roi Stanislas et la reine Catherine
avaient accompagné leur fille à Fontainebleau.
Louis XV les avait installés au château de
Bouron. La veille du jour où ils devaient

repartir pour l'Alsace, le 15 octobre, Marie
Leczinska alla leur faire ses adieux. Mais, au
retour, la Reine et ses dames furent encore
victimes du mauvais état des chemins. Leurs
carrosses s'embourbèrent. Il fallut entasser à
huit dans une voiture les dames de la suite, et
l'on ne rentra au palais de Fontainebleau
qu'à neuf heures du soir. Mmes de Chalais et
de Rupelmonde n'avaient pu trouver place
dans le carrosse ; elles durent attendre que
le leur fût tiré de l'ornière et n'arrivèrent
à Fontainebleau qu'au milieu de la nuit.

Parmi les dames au milieu desquelles
Marie Leczinska commence sa vie de grandeurs, Mme de Rupelmonde a une place bien
à elle : cette fille d'un maréchal de France,
veuve d'un officier espagnol, propriétaire
aux Pays-Bas autrichiens et hollandais, est
bien ce qu'on appellerait une cosmopolite.
Sa vie a tourné tout autrement que ne semblait le promettre son mariage. Les Pays-
Bas cédés à l'Autriche, on peut se demander
pour quelle puissance M. de Rupelmonde eût
opté, s'il eût encore été de ce monde en 1714.
Pour sa veuve, l'hésitation n'a même pas
existé : sous tous ses avatars, elle est restée,

d'idées, de mœurs, de préjugés, une Française de Versailles. Espagnole, elle ne l'a
été que de nom ; elle n'a même pas mis le
pied dans sa nouvelle patrie et si elle a
paru aux Pays-Bas, ce n'est qu'en voya-
geuse. Aucun de ces pays n'a donc mis un
peu de son empreinte sur elle, différencié
ses conceptions sociales et mondaines de
celles de ses amies. Aussi la pensée d'abandonner ces lieux où elle a toujours vécu n'a
pas un moment effleuré son esprit. Se retirer à Bruxelles ou à Malines, se consacrer à
l'éducation de son fils et à l'administration
de sa fortune, c'est l'exemple que lui a
donné sa belle-mère, mais qu'elle n'a jamais
songé à suivre. Loin de là : non seulement
elle abandonne le pays d'origine de son
mari, mais il n'est pas jusqu'à son titre bien
authentique de Comtesse espagnole qu'elle
semble laisser pour celui, plus français, mais
tout de fantaisie, de Marquise.

A prendre les choses à ce moment et d'un
point de vue tout mondain, on ne peut lui
donner tort. Ses amourettes et ses intrigues,
pour parler comme Saint-Simon, l'ont menée
à une place où sa haute naissance même ne

l'eût point fait monter, si elle s'était tenue
dans la retraite.

Dame du palais de la Reine de France,
louée par les beaux esprits, il lui reste,
pourtant, au fond du cœur, un cuisant regret :
celui de n'avoir pu, en ces courtes années
qu'a vécu M. de Rupelmonde, obtenir la
grandesse. Elle lui eût valu à Versailles
mille petites distinctions fort prisées, telle
que cette chaise à porteurs, drapée de pourpre, qu'elle a dû détendre au bout de vingt-
quatre heures ; elle lui eût épargné des mortifications comme celle qui marqua pour elle
la scène de 1731.

Il était d'usage que le Jeudi saint, le Roi
et la Reine lavassent les pieds, chacun à
douze pauvres, puis leur fassent servir à
dîner. Cela se faisait en grande pompe. La
Reine était accompagnée des dames de service, des princesses du sang, qui portaient
tout ce qui devait servir à la cérémonie et
qu'on appelait les honneurs.

Or, en 1731, Mme de Rupelmonde fut désignée avec deux autres dames non titrées,

(1) On appelait à Versailles dames non titrées toutes celles
qui n'étaient pas Duchesses. Depuis l'accession de Philippe V

les duchesses de Gontaut, de Luxembourg et de Béthune, pour porter les honneurs. Les deux dernières étaient dames du palais de nomination plus récente qu'elle et quant à Mme de Gontaut, on se rappelle que le protocole de 1725 lui avait donné rang immédiatement après notre héroïne. Seulement, entre temps, le vieux maréchal de Biron s'était démis de la dignité ducale en faveur du Marquis de Gontaut, son fils, qui avait pris séance au Parlement avec le titre de Duc de Gontaut. Ces trois dames prétendaient que leur titre leur donnait le pas sur leurs « anciennes » non titrées. La cérémonie du Jeudi saint leur fut une occasion d'afficher cette prétention. Quand on se mit en marche, Mme de Gontaut suivie des deux autres, se précipite d'un air de bravade pour précéder Mme de Rupelmonde. Celle-ci n'était point femme à se laisser intimider. Elle saisit sa rivale par le bras et l'arrêta au passage. Une altercation très vive s'en suivit et le bruit courut dans Paris que les deux dames s'étaient traitées de p... et s'étaient envoyées f...: « l'on convient » disait

au trône d'Espagne, les femmes de Grands étaient assimilées aux Duchesses.

Barbier qui rapporte le bruit, « qu'elles entendent parfaitement ce que cela veut dire.

Mme de Rupelmonde l'emporta donc de vive force ; mais l'incident mit toute la cour en mouvement. Le Maréchal d'Alègre convoqua, dans l'après-midi, dans son appartement, les comtes de Pons et de Châtillon. C'était, dit Barbier, ce qu'il y a de plus considérable à la cour et, « valant mieux que les ducs », Pons était un gentilhomme de la vieille noblesse Bretonne, Châtillon, le dernier représentant d'une maison qui avait authentiquement brillé aux croisades avec Renaud de Châtillon, Prince d'Antioche, et possédé effectivement de grands fiefs en France. Ces trois messieurs rédigèrent un mémoire pour soutenir la prétention de Mme de Rupelmonde et réclamer contre les usurpations des duchesses qui n'avaient, d'après eux, droit à d'autre distinction que le tabouret.

Mais, de leur côté, les ducs, à l'issue de la cérémonie, s'étaient rendus chez le cardinal de Fleury et, après le conseil, le maréchal de Villars, se faisant leur interprète, avait adjuré le Roi « par sa justice et sa bonté » de

donner satisfaction aux ducs. « Sa Majesté,
» dit-il, avait intérêt d'animer le courage de
» ses sujets par l'espérance de l'élévation[1]. »

Son éloquence et son crédit convainquirent
Louis XV et il signa le 1er avril, un ordre
par lequel il déclarait « qu'il était sans
» exemple que les dames titrées n'eussent
» pas toujours précédé celles qui ne l'étaient
» pas et que l'on suivait exactement ce qui
» s'était pratiqué du temps du feu Roi. »

Mais à la ville où l'orgueil des ducs les
rendait peu populaires, on critiqua vivement
la décision. « De là, écrit Barbier, les du-
» chesses prendront pied pour les autres
» occasions. »

Quant à Mme de Rupelmonde, ce dernier
échec fut des plus sensibles à son humeur
orgueilleuse et entière ; elle en souffrait
même si publiquement que lorsque, six mois
après, en octobre, le duc de Brancas[2],

---

1 Mémoires de Villars, t. V, p. 311.

2 Louis de Brancas, duc de Villars, pair de France, se
retira en septembre 1721 à l'abbaye du Bec. Il lavait épousé
par contrat passé à Fontainebleau le 25 juillet 1680, Marie [de
Brancas, fille de Charles, marquis de Maubec, dame d'honneur
de Madame. Elle mourut le 27 avril 1731. Son mari quitta en
octobre suivant l'abbaye du Bec et vint à l'Oratoire de Paris.

quitta l'abbaye du Bec où il avait vécu dix
ans retiré du monde et tout en Dieu, et que
le bruit se répandit qu'il allait « faire asseoir
» quelque belle dame curieuse du tabouret, »
on nomma Mme de Rupelmonde [1].

Le public se trompait ; le Duc changeait
seulement de retraite et ne se remaria que
sept ans plus tard. Il ne semble au reste
pas que Mme de Rupelmonde ait jamais cherché à se remarier, fût-ce pour jouir du
tabouret.

Mais le souvenir de l'affront reçu le Jeudi
saint lui demeura cuisant. Dix ans après en
1741, Luynes note dans son journal, que
Mmes deRupelmonde et de Montauban ne se
sont pas trouvées à la céne parmi les dames
de la Reine, et il ajoute : « celle-ci (Mme de
Montauban) ne veut jamais s'y trouver et
l'autre, le moins qu'elle peut. »

En 1735, une autre mésaventure, d'un genre

Il se remaria le 24 février 1738, avec Louise-Diane-Françoise-
de Clermont Gallerande, douairière de Georges-Jacques de
Beauvilliers, marquis de Saint-Aignan, fille de Pierre-Gas-
pard, marquis de Clermont Gallerande. Il mourut à l'Oratoire le 24 janvier 1739. Sa veuve devint plus tard, dame
d'honneur de la dauphine Marie-Josèphe de Saxe.

1 Mme de Simiane au Marquis de Caumont. Lettres de Mme de
Sévigné, Edition Monmerqué, t. XI.

différent, amusa la malignité de Paris aux
dépens d'un ami de la Marquise. Un personnage que Mme du Châtelet désigne par le
pseudonyme de duc Bécheran et que l'éditeur de ses lettres, M. Eugène Asse, croit
pouvoir identifier avec Charles-Armand-René,
duc de la Trémouille, avait prié Mme de
Rupelmonde de consulter un célèbre médecin
hollandais sur ses convulsions. Or, bien que
le duc, né en 1708, eût fait preuve de valeur
à la prise du château de Milan et y eût
même eu le chapeau troué par une balle,
des bruits fâcheux pour son courage avaient
couru l'année précédente, à propos de sa
conduite à la bataille de Parme. « Ce M...,
» écrit donc Mme du Châtelet, envoie une con-
» sultation cachetée à Mme de Rupelmonde ;
» elle, par discrétion, l'envoie sans la décache-
» ter. On ne parlait depuis un mois dans la socié-
» té que de l'espoir que l'on mettait dans cette
» consultation, elle arrive enfin une demi-
» heure avant   souper, au   moment qu'on
» l'attendait le moins. Tous ses amis con-
» duits par le Dieu protecteur de l'amitié y
» étaient. On ouvre avec précipitation et on
» lit tout haut ces paroles : « Le malade

» dont il est question est très mal et tous les
» accidents lui viennent d'une peur épouvan-
» table qui a fait une révolution si... » La
» Nesle arrache le papier des mains et dit:
« Voilà un extravagant qui ne sait ce qu'il dit ; il
» s'agit bien de cela. » Tout le monde reste
» consterné, mais l'amitié officieuse sachant
» la source du mal a cru être obligée de la
» divulguer dans l'espoir d'y trouver remède ;
» ainsi aucune ne se coucha sans avoir fait
» quelque consultation [1]. »

A en croire la correspondante, la décon-
venue de Bécheran fit la réputation du savant
Hollandais qui, sans avoir vu le malade, avait
diagnostiqué si sûrement la cause du mal.

La même année, Mme de Rupelmonde alla
en Flandre ; peut-être même est-ce des
Pays-Bas qu'elle envoya à M. de la Trémouille, la consultation du médecin hollandais ; car, le 26 mars, elle était à Wissekercke
et ce jour-là, elle examinait, selon sa coutume,
les comptes de son intendant. Le fidèle Canthaels l'assistait encore ; mais il devenait
sans doute vieux, et pour le suppléer, elle

---

1 Mme du Châtelet au duc de Richelieu, Paris, Avril 1735.

s'était fait accompagner du sieur Guillaume
Kersseboom, de la Chambre des comptes de
la Haye. Cette fois encore, les comptes du
régisseur sont passés au crible, soigneu-
ment annotés. Mme de Rupelmonde touche
25302 florins 10 s. 12 d. Sans doute son fils est
majeur ; ce n'est plus comme tutrice qu'elle
agit. Elle n'a, depuis 1726, d'autres droits sur
ces biens des Pays-Bas que ceux découlant
de son douaire.

Et ce douaire, elle a pris la sage précaution de
le faire reconnaître par un acte authentique
que son fils a passé à Bruxelles le 22 octobre
1728, par lequel il la délègue pour le paiement
des 15,000 florins montant de ce douaire. Et
le jeune officier s'en repose entièrement sur
elle de l'administration de ces biens qu'elle
gouverne depuis un quart de siècle.

Elle semble avoir passé la majeure partie
de cette année 1735 dans ses terres des
Pays-Bas, faisant rentrer les arriérés, apu-
rant les comptes, poursuivant les fermiers et
les débiteurs récalcitrants. Nous la retrouvons
à Wissekercke à la fin de novembre. On lui
a fourni six poulets pour 3 livres et un car-
telet de vin pour 14 livres, plus 2 l. 10 s.

pour droits d'accise. Elle a fait payer au con-
cierge Cathryn les 12 livres qu'il reçoit chaque
an pour conserver et nettoyer les meubles
du château ; elle a soldé à Canthaels les cent
écus de ses appointements annuels.

Et maintenant, elle remonte dans sa ber-
line de voyage. Tout autour d'elle parle de
décrépitude et de mélancolie, le vieux château
abandonné avec ses fenêtres ogivales, les
douves où achève de pourrir la dépouille des
hêtres, les avenues dénudées, les saules
tordant leurs bras noirs au haut des digues,
et, enveloppant cette nature d'un linceul de
plomb, le ciel bas et gris où les nuages
glissent en se pressant. Combien différent
ce départ de celui d'il y a quatorze ans.
Alors l'automne à son début avait de ré-
chauffantes haleines. Les feuilles, devenues
rares, plaquaient d'argent les bras noirs des
saules, faisaient des couronnes d'or au front
des hêtres. Il semblait qu'on avançait sur des
tapis où les ors de toutes couleurs se mê-
laient, se fondaient. C'était moins l'approche de la mort qu'une surabondance
de richesse et le ciel avait un azur doux,
fondant, qui semblait, à l'horizon, se con-

fondre avec les choses dans une lointaine caresse.

Combien différente, la nature ! Mais aussi combien différente la femme ! Ce ne sont plus ces yeux au pouvoir desquels le poète reconnaissait Vénus. Sa blonde chevelure s'est dédorée, et la femme en pleine maturité d'alors s'est muée en une presque vieille femme. Elle touche à la cinquantaine, elle a un fils marié, et à une époque où l'on marie les filles à quinze ans, où l'abus du rouge fane vite les visages, la vieillesse arrive tôt.

Et la transformation s'est faite également au moral. Julie est devenue dévote. Pour abréger les longueurs de la route, faire diversion aux questions d'affaires, plus de madrigaux à écouter, de points philosophiques à discuter. Comme les fanchettes qui ombrent maintenant, de leur mousse blanche et délicate, l'ovale de sa figure, « les voiles de la superstition », si hardiment déchirés par la main de Voltaire, se sont retissés autour d'elle. Peut-être le tissu en est-il aussi fin et fragile que le réseau de ses Valenciennes ; mais elle ne songe plus à y porter la main ; désormais, en

règle avec la morale, la pratique religieuse
n'a rien qui la rebute.

C'est donc bien à contre-temps qu'un
Catalogue des livres publiés au Palais Royal,
s'occupe encore d'elle, en 1737, et lui attribue
un *Traité ou preuves de la constance* dédié
à Mme de Mazarin. Le sel même de ce trait
paraît avoir échappé au commentateur qui
donne en marge à tous les livres voisins la
clef de l'allusion et laisse celui-ci en blanc.

Assurément, la conversion arrive bien à
son heure, quand la *blonde*, devenue dame
du Palais, a tout intérêt à se faire bien voir
de sa pieuse souveraine. Cela n'empêche
qu'elle ne soit sincère. Sur son âme expan-
sive de méridionale, la fervente religion de
Marie Leczinska, eut certes un pouvoir plus
grand et plus profond que les sarcasmes de
Voltaire. Ses exemples réveillaient en la
fille de Jeanne Garaud, les premières impressions d'éducation et, par une pente naturelle,
de jour en jour, celle-ci entre davantage dans
l'intimité des Luynes et du petit cercle de
la Reine.

Mais être dévote n'empêche pas l'ambition et la recherche de la richesse. Or, sur

ce point, Mme de Rupelmonde est bien d'Alègre. Qu'elle ait été galante et, selon le mot
de Saint-Simon, fort peu contrainte sur la
vertu, c'est difficile à révoquer en doute ;
mais tout alentour d'elle, le dévergondage
le plus effréné s'étalait et le vertige l'a gagnée. Elle a cédé à l'entraînement, sacrifié
à la mode, puis s'est ressaisie dès qu'elle l'a
pu. Elle y a mis moins de son cœur que de
sa tête, elle a suivi le courant de la mode
plus encore que les impulsions de sa nature.
Mais chercher à se hausser, à augmenter sa
fortune, comme sa situation, voilà qui est de
son tempérament. Elle n'a plus que deux
objets en vue dans la vie ! Amasser du bien
et pousser la carrière de son fils aux som-
mets où la mort a empêché son père d'arriver.
Aussi, à mesure que ses billets se font plus
rares dans les secrétaires des amants, nous
les verrons se multiplier dans les dossiers
des Ministères. Et par l'insistance qu'elle met
à réclamer des grâces, par le ton impérieux
dont elle les quémande, par l'esprit d'intrigue
qu'elle déploie, elle est encore bien d'Alègre.

En 1733, son père, le Maréchal, est mort,
chargé d'ans et d'honneurs, mais sans laisser

de rejeton mâle. La succession se partage
donc entre ses deux filles survivantes et les
représentants de l'aînée : sa fille, la duchesse d'Harcourt, son petit-fils, le duc
de Château-Thierry. Et, comme, après quantité de mémoires, elle a touché ce qui lui
revenait de la succession de son grand-
père, le Président de Donneville, elle est, à
cette heure, dans une brillante position de
fortune.

Elle rentre de Flandre, la bourse bien
garnie et achète en mai à Mme de Villars, la
maison de « feue Mme de Varangeville », sise
rue Saint-Dominique, pour la somme de cent
quarante mille livres.

Elle reprend son service auprès de la
Reine ; elle fait sa semaine avec la princesse
de Chalais, la duchesse de Béthune et la
marquise de Nesle ; car « on observe autant
qu'il est possible », note le duc de Luynes,
« qu'il y ait moitié de femmes titrées, à cause
des dîners et soupers de la Reine. »

Luynes, dès lors, note sa présence, par
exemple, à un bal chez la princesse de Chalais, pendant le carnaval de 1737 ; le Roi y
descend sans être attendu, danse, un moment,

avec Mme de Rochechouart [1], puis va « prendre Mme de Rupelmonde qui ne fit que la révérence. » Mais d'être ainsi distinguée par le Roi n'était-ce pas un honneur à en devenir rayonnante?

Le 8 juillet 1740, elle est encore de service avec Mme de Fleury. En attendant son jeu, la Reine se délasse à faire des nœuds avec ses dames et la duchesse de Mazarin. Entre Mme de Flavacourt. C'est une de ces quatre sœurs Mailly qui triomphent si insolemment de la souveraine. La bonne princesse lui demande si elle a des nœuds et comme elle n'en a point, Mme de Fleury lui prête les siens ; cela lui permet de s'asseoir, l'usage étant qu'à cette heure « la Reine fasse asseoir les dames non titrées, lorsqu'elles travaillent [2]. » Mais quels abîmes entre les pensées de ces femmes également occupées, dans le salon luisant d'or, à chiffonner les soyeux tissus.

Mme de Rupelmonde, malgré son intimité avec les amis de la Reine, entretient de bons

1. Louise-Elisabeth de Beauveau, veuve de Louis, duc de Rochechouart, mariée en 1730.

2. Journal de Luynes.

rapports avec les Mailly. Au voyage de Fontainebleau, en septembre, elle est du souper que le roi va faire à la Rivière avec sa maîtresse et d'autres dames de la Cour.

Mais dès cette heure, la Marquise songe à prendre sa retraite et à passer sa charge à sa bru. Il n'y a plus à cette époque avec elle que trois dames de la première création. Ce sont MM^{mes} d'Antin, de Mérode et de Matignon. Comme pour sa nomination, elle met, pour obtenir cette survivance à sa belle-fille, la maîtresse toute-puissante dans ses intérêts. Mme de Mailly prend sa cause en main. La marquise invoque la fatigue ou la dévotion et, dès le mois de mars 1741, elle est dispensée d'accompagner la Reine à la comédie. « Mme de Rupelmonde a déjà remplacé sa belle-mère », écrit Luynes. Ce n'est pourtant qu'à la fin de mai que la belle-fille entre pleinement en fonctions. Encore sa belle-mère garde-t-elle les appointements de la place.

Elle ne renonce pas, pour cela, à fréquenter la cour et la ville ; mais elle a plus de temps à donner aux grosses affaires qui la surchargent. Sa présence est nécessaire en Auvergne

et elle y disparaît pendant dix-huit ou vingt
mois. Elle ne revient à Versailles que le
15 décembre 1743 ; « elle fut avant le salut,
chez le Roi avec sa belle-fille ; elle vit le
Roi dans son cabinet. »

Il faut maintenant jeter un coup d'œil en
arrière sur le jeune ménage que la marquise
voulait pousser au premier plan.

CHAPITRE IX

YVES DE RUPELMONDE ET CHRÉTIENNE
DE GRAMONT

De l'union de Maximilien-Philippe de Boulogne et de Marie-Marguerite d'Alègre un
fils unique était né, nous l'avons dit, le
21 décembre 1707, à Paris. Il avait reçu au
baptême les prénoms d'Yves-Marie, le premier assurément, en l'honneur de son grand-
père et parrain, le marquis d'Alègre.

Quand il fut en âge d'école, sa mère confia
son instruction à l'abbé Claude Sallier, un
Bourguignon, né en 1685, qui avait étudié la
théologie à Dijon, puis était venu chercher
fortune à Paris. C'était un de ces abbés,
comme il en fourmille au xviii siècle et qui
n'ont de l'ecclésiastique que la tonsure et le
rabat. Au moins, celui-ci était-il un savant,
très versé pour son temps dans les anti-

quités grecques et romaines, et connaissant
même l'Hébreu. Il fut nommé en 1715, membre de l'Académie des inscriptions et belles-
lettres et les mémoires qu'il a lus devant la
docte assemblée, ont été jadis publiés. En
1721, il fut appelé à la chaire d'hébreu au
Collège de France, et enfin, en 1736, l'ancien
précepteur d'Yves de Rupelmonde fut élu de
l'Académie française. Son élection donna
lieu à un pamphlet d'un goût douteux, où la
docte assemblée est représentée sous les
traits d'une fille atteinte de quelque mal honteux. Cela s'intitule la *Consultation sur la
maladie de Françoise Languard*. Françoise —
c'est l'Académie — y est présentée comme
une « fille majeure demeurant à Paris, au
» Vieux Louvre, paralytique de presque tous
» ses membres... Elle a d'abord eu le malheur
» de s'abandonner avec trop peu de réserve
» à quelques personnes ... puis elle avait
» reçu dans ses bras des gens de toutes es-
» pèces, non seulement ducs, magistrats et
» prélats, mais encore des comédiens, des
» pédants et des précepteurs, des apothicaires
» etc. » Précepteur, voilà le trait qui vise
l'abbé Sallier.

Sans doute avait-il été recommandé à Mme de
Rupelmonde par les bureaux d'esprit où elle
commençait à fréquenter. Sous le rapport
scientifique, elle ne pouvait mieux trouver.
Moralement, religieusement, pédagogique-
ment, l'abbé était-il à la hauteur de sa mission ? Je ne sais, mais son élève lui fit,
somme toute, honneur.

En ce temps les études vont vite, et à peine
a-t-il accompli ses quatorze ans qu'Yves de
Lens commence sa carrière militaire : le
1er février 1722, il est nommé capitaine reformé au régiment d'Alsace. C'est un régiment d'infanterie allemande, c'est-à-dire composé d'étrangers à la solde de la France ; à
cette heure donc il est encore considéré comme
Belge. Il fait, au reste, rapidement les grades,
puisque le 15 mai de la même année, il est
nommé colonel à la suite du même régiment. Mais ce n'est que, le 16 novembre
1725, qu'il est pourvu effectivement d'une
compagnie. Si l'avancement va vite, le
paiement des appointements ne marche pas
de même. Le 14 avril 1724, il s'attend à
devoir prendre son service et à rejoindre
son régiment ; il n'a rien reçu des 3.211 l.

6 sols [1] auxquels il a droit pour son temps
de service, et comme « il a besoin de ce
secours pour son voyage », il prie le
ministre de bien vouloir le faire payer.

Le voilà dans sa garnison de Sarrelouis,
en un coin perdu de l'Alsace. Mais il n'a pas
à craindre qu'on l'oublie. Sa mère commence
auprès du Roi et des ministres la campagne
de sollicitations qu'elle mènera vingt années
durant.

Maintenant, elle demande que son fils continue à toucher les 1.642 l. 10 s. qu'il avait
comme mestre de camp reformé. Mais comme le
jeune capitaine en pied a 1.080 livres d'appointements annuels, 300 livres pour les étapes
aux recrues, 1.716 livres pour paies de gratifi-
cations et 3.570 livres de bénéfices sur les payes
réelles, ce qui fait au total 6.666 livres d'appointements annuels, soit une augmentation de
5,023 l. 10 s., on comprend que le ministre
ait fait assez mauvais accueil à cette requête.

---

1. 1er février 1722 ; capitaine reformé, 3. m.,
14 j.   312 l.   »
    15 mai 1722 ; Me de camp ref. 7 m. 1722, .
12 m. 1723, 4 1ers m. 1724. . . . . 3.211 l. 6 s.
                                            ‾‾‾‾‾‾‾‾‾‾‾‾
                                             3.523 l. 6 s.

Puis neuf ans se passent, années de paix, pendant lesquelles le cardinal de Fleury évite tout ce qui pourrait compromettre la durée de son ministère. L'avancement se fait lentement et Mme de Rupelmonde a beau être au mieux avec les ministres, ce n'est que le 9 mars 1734 que son fils est promu mestre de camp du régiment d'Angoumois, où il succède au neveu du cardinal-ministre [1]. Mais la guerre a éclaté de nouveau, — bien contre le gré de Fleury, — l'avancement redevient rapide et le 1er août de la même année, Rupelmonde qui a été reçu, le 4 avril, dans son régiment, est nommé brigadier.

Angoumois fait partie de l'armée du Rhin et le nouveau mestre de camp est assurément à la tête de ses hommes au combat d'Ettlingen et quand l'armée va mettre le siège devant Philippsbourg ; mais, au mois d'octobre, tandis que le régiment va prendre ses quartiers d'hiver à Worms, il part pour Paris. Sa mère a sollicité ce congé, prétextant des affaires urgentes, et il passe l'hiver à la Cour.

---

1. Jean-Hercule de Rosset, marquis de Rocosel, dit de Fleury en 1724, créé duc de Fleury en mars 1736.

Peut-être accompagne-t-il la marquise dans le voyage qu'elle fait au mois de mars aux Pays-Bas : peut-être, alors, a-t-il vu le vieux château à demi ruiné, plus sombre que jamais, dont il porte le nom ; en tous cas le 3 mars, il est encore absent du régiment ; mais le 1er mai il l'a rejoint et il fait, en qualité de brigadier, la campagne de 1735 à l'armée du Rhin.

La guerre n'est point pour lui un passe-temps, une école par laquelle il faut passer, mais dont on a hâte de sortir ; ce métier auquel il s'est dressé depuis l'âge de quinze ans, lui plaît. Ainsi, écrit-il du camp de Rhein-holsen, le 12 juillet 1735, pour « marquer au » Ministre le désir que j'ai, dit-il, d'être em-» ployé l'hiver qui vient ; c'est, je crois, le » meilleur moyen de mettre à profit pour mon » instruction le temps que la guerre durera.» » Cette grâce ne s'accorde pas, ajoute-il, avec » mes premiers projets dans lesquels vous aviez » eu la bonté d'entrer, mais comme je n'allais » en Italie que pour y voir des Allemands et » qu'on dit qu'il n'y a plus personne, je trouve » que c'est aller un peu loin pour se faire » écrire. Cependant comme tout peut changer » **pendant le courant de la campagne, après**

» vous avoir expliqué mes désirs, je m'en rap-
» porte à ce que vous en déciderez et je prie
» ma mère de le savoir de vous[1].»

Et de son métier, il accepte toutes les
charges, même les sollicitations et les demandes pour ceux qui servent sous ses
ordres. Ainsi M. de Hazay, lieutenant-colonel
d'Angoumois, demande une pension sur l'Ordre de Saint-Louis. Quarante et tant d'années
employées sans discontinuation au service du
Roi, méritent bien une récompense.

D'Argenson loue le zèle du jeune officier,
promet qu'il fera de son mieux, mais ne semble pas avoir réussi à le faire partir pour
l'Italie ; car Angoumois resta l'année suivante
au camp de Saint-Maximin. La paix faite, il
alla tenir garnison à Calais.

C'est le moment pour Rupelmonde de reparaître à Paris et de montrer quelque assiduité
à sa jeune femme ; car il s'est marié entre
temps et même depuis plusieurs années. Il
est vrai que le 27 mai 1731, quand le roi
Louis XV signait son contrat de mariage avec
Mlle de Lesparre, celle-ci était encore une

1. Ministère de la Guerre de France.

enfant. Née au mois d'avril 1725, Marie-Chrétienne-Christine de Gramont était fille de Louis, comte de Gramont, et de Geneviève de Gontaut-Biron. Celui-ci était le second fils d'Antoine V, duc de Grammont, pair et maréchal de France et de Marie-Christine de Noailles. Le grand-père maternel de la jeune femme, le maréchal de Biron, mourut en plein règne de Louis XV, doyen des maréchaux de France. Louis de Gramont avait un frère aîné qui hérita du titre ducal; mais ayant dû porter le manteau royal au sacre à Reims, il fut compris dans la première promotion de chevaliers de l'Ordre du Roi et ainsi promu à l'Ordre du Saint-Esprit avant son aîné. Cette circonstance fut fort remarquée et le roi dit un jour au duc : « Auriez-vous parié que votre » frère serait fait chevalier de l'Ordre avant » vous ?— J'aurais pu parier, Sire, et j'aurais » perdu à beau jeu.»

M. de Gramont a laissé une assez triste réputation militaire. Plein de valeur mais assez peu discipliné, il causa par une charge inconsidérée des gardes françaises, qu'il commandait, la perte de la bataille de Ettlingen. Il n'avait point été insensible au charme et à l'esprit de Mme de Rupelmonde : Saint-Simon parle de leur « longue et publique habitude ». C'était une de ces liaisons fréquentes à leur époque, dont la morale de leur monde ne se scandalisait point et dont on ne cherchait pas dès lors à cacher l'irrégularité. Les deux amants arrêtèrent de marier ensemble leurs enfants. Chacun y trouvait son compte: Gramont établissait, sans bourse délier, une « fille » rousse et cruellement laide, sans un sol de » dot»; Mme de Rupelmonde, qui savait d'expérience combien peu les cheveux roux nuisent au succès, procurait à son fils l'alliance d'une des maisons les plus considérables du royaume et les plus solidement établies à la Cour.

Sa bru était-elle aussi «dépiteusement laide» que le dit Saint-Simon. Aucun portrait d'elle ne nous est parvenu. Mais les contemporains s'accordent à lui reconnaître peu de brillant; elle avait la vue basse et mauvaise, beaucoup de timididé, une conscience scrupuleuse et facilement alarmée. Élevée par une mère d'une grande piété, elle avait puisé dans une éducation presque monastique les plus solides principes. **Point à craindre qu'elle se**

laissât aller aux mêmes erreurs dont on avait
accusé sa belle-mère. Mais c'était chose alors
si peu appréciée dans un mariage que Saint-
Simon tout dévot qu'il fût, ne fait pas même
allusion à cette éducation chrétienne. Rupelmonde, lui, en fit-il plus de cas? Il avait
retrouvé enfin femme sa petite compagne de
1731 ; il montra durant ces années de 1738 et
1739 quelque assiduité auprès d'elle, et la
preuve en vint au monde, le 29 avril 1740, en
la personne du petit Louis-Marie de Lens de
Boulogne. Mais le devoir envers la race
accompli, Rupelmonde disparait si vite de la
vie de sa femme, il témoigne si peu de désir
de retourner aux lieux où elle vit, qu'on se
prend à douter que cette petite femme ché-
tive et bien effacée lui eut inspiré une sérieuse
passion. Elle l'a aimé de tout son cœur, comme
c'était son devoir, disent ses pieux biographes, comme c'était le penchant de son cœur
de vingt ans, pouvons-nous penser ; elle s'est
parée pour lui, s'est divertie de l'accompagner
dans les fêtes, de se montrer dans son auréole
de jeune épousée. Puis à dix-huit ans, après
la naissance de Louis-Marie, loin que cette
affection qui naît la rattache davantage au

monde, tout son entrain cesse subitement.
Elle se reproche ses innocents plaisirs ; elle
parle de sa conversion ; elle est toute ressaisie par ses sentiments et ses pratiques de
piété. Elle retombe plus profondément dans
ses scrupules. Est-il téméraire de penser qu'au
début de cette conversion est une déception
d'amour, et que Dieu qui voulait la mener
au Carmel par les plus cruelles séparations
et toutes les douleurs, ne lui a pas épargné la
plus amère de toutes, l'indifférence de l'homme
aimé ?

Marie Leczinska, elle, appréciait la douce
jeune femme qui avait partagé les jeux de
ses filles ; elle la connaissait dès l'enfance, et
cette âme de piété si fraîche et si naïve cor-
respondait trop bien à la sienne pour qu'elle
n'accueillît pas avec empressement, les premières ouvertures que fit Mᵐᵉ de Rupelmonde
pour mettre sa belle-fille en sa place. La mère
avait beau s'être rangée à la dévotion ; il lui
était resté en l'esprit trop d'intrigue, en ses
liaisons trop de facilité, en ses agissements
trop de manège, pour que la Reine pût mettre
en elle l'intime confiance que lui inspirait
cette jeune femme de vingt ans. Entre Marie

et celle-ci, la communauté de goûts, la simi-
litude de caractères créaient de profondes
sympathies; mais surtout, si à cette heure où
Louis XV commençait ses longues et reten-
tissantes infidélités, cette femme encore presque enfant éprouvait réellement, elle aussi,
l'humiliation de l'abandon, on comprend
combien l'affection de la souveraine devait
s'accroître de ce rapprochement.

Si Chrétienne de Gramont eût été femme
à s'étourdir avec des honneurs, il faut avouer
que l'avenir s'offrait plein de promesses pour
elle. Dame du Palais à vingt ans, traitée en
amie par les enfants de France, riche, mère
d'un charmant enfant, ne semblait-elle point
comblée sous tous les rapports mondains?

Mais comme un funèbre avertissement de
la brièveté de ces jours d'ambitieux rêves, la
première fonction que la jeune comtesse a à
remplir l'invite à aller, au nom de la Reine,
jeter de l'eau bénite sur le corps de Mme la
Duchesse [1], qui vient de mourir à 26 ans.
Luynes nous a laissé le récit circonstancié de
ce qu'était cette cérémonie.

1. Charlotte, Landgrave de Hesse-Rothembourg, née le 18 août
1714, seconde femme de Louis, duc de Bourbon.

Un valet est venu porter chez elle un billet signé du marquis de Dreux-Brézé, grand-maître des cérémonies, ainsi conçu :« J'ai l'honneur de vous donner avis que la Reine vous a choisie pour accompagner Mlle de Clermont qui va jeter de l'eau bénite à feu Madame la Duchesse. Ce sera le 15 juin à telle heure. »

Le 15 à l'heure dite, Mme de Rupelmonde et la duchesse de Fleury [1], qui accompagne aussi la Princesse, en habit de deuil, comme le leur prescrivait le grand-maître des cérémonies, sont au Petit Luxembourg où demeure Mlle de Clermont. Celle-ci les mène dans son carrosse aux Tuileries où elles vont prendre leurs mantes chez Bontemps, le premier valet de chambre du Roi ; puis ces dames montent dans le carrosse de la reine qu'escortent huit gardes du corps à cheval. Son Altesse occupe seule le fond du carrosse, les deux dames du Palais lui font vis-à-vis ; mais, ce qui « a paru un peu extraordinaire », elle a mis à une des portières Mme de Ribérac, sa dame d'honneur. « On n'a pas su à quel titre

---

1. Anne-Madeleine-Françoise d'Auxi, mariée le 6 juin 1736 à André-Hercule de Rosset, duc de Fleury par démission de son père, premier gentilhomme de la Chambre du Roi, etc.

» elle peut être là puisque Mlle de Clermont
» représente la Reine. » Dans un second
carrosse suivent le grand-maître des cérémonies, l'écuyer cavalcadour et le porte-manteau. A la porte de l'hôtel de Condé, les
dames de la famille attendent le carrosse royal.
Ce sont les belles-sœurs de la défunte, Mlles de
Charolais et de Sens, les princesses de Pons [1]
de Guemené, la maréchale de Duras [2] et la
comtesse de Tresmes [3] qui « ont été invitées
» de la part de la maison de Condé comme
» parentes.»

Mlle de Clermont entre la première, sa
traîne portée par Mme de Rupelmonde, et
suivie de l'officier des gardes; puis viennent
à la file les deux princesses de Condé, Mme de
Fleury, la queue de sa mante portée par un
gentilhomme, et enfin les autres dames de la
famille. Dans la chapelle ardente, la surin-

---

1. Élisabeth de Roquelaure, fille de Gaston, duc de Roquelaure,
mariée en 1714 à Charles-Louis de Lorraine, prince de Mortagne
et sire de Pons, dit le prince de Pons. Elle n'avait aucune
parenté avec le comte de Pons dont il a été question ci-dessus.

2. Angélique-Victoire de Bournonville, femme de Jean-Baptiste de Durfort, duc de Duras, pair et maréchal de France.

3. Éléonore-Marie de Montmorenci-Luxembourg, mariée en
1729 à Louis-Léon Potier, dit le comte ou le marquis de Tresmes,
second fils de Bernard-François, duc de Gesvres.

tendante seule s'agenouille sur « un drap de
» pied, comme la reine et avec les mêmes
» cérémonies. » Les autres dames restent
debout. L'eau bénite jetée, elle se retire avec
le même cérémonial, et elle rentre au Petit
Luxembourg pour en ressortir et aller, cette
fois en son nom, jeter l'eau bénite sur le corps
de sa belle-sœur.

Mme de Rupelmonde entre dès lors de plein
pied dans cette société où s'isole, au milieu
de Versailles, la souveraine délaissée. Elle
prend semaine avec mesdames de Chalais, de
Béthune et de Nesles ; elle a donc sa place
marquée aux parties que la reine fait à Dampierre chez ses bons amis de Luynes, et qui
amènent un sourire sarcastique aux lèvres
des favorites.

Ces parties ont parfois l'air improvisé ;
telle celle du jeudi 13 juillet. Le Duc et la
Duchesse [1] n'ont été prévenus que la veille

1. Charles-Philippe d'Albert, duc de Luynes et de Chevreuse, pair de France, né en 1695, mort le 2 novembre 1758,
avait épousé en premières noces Louise-Léontine-Jacque-
line de Bourbon-Soissons, morte le 11 janvier 1721, et
en secondes noces Marie Brulart, veuve de Joseph de
Béthune, marquis de Charost, et fille de Nicolas Brulart,
marquis de la Borde, premier président du Parlement de Dijon et de Marie de Bouthillier. Elle fut nommée

au matin. Mais dans la réalité, nul laisser
aller ; l'étiquette règle toutes les places,
toutes les démarches. Elle les règle dans les
trois berlines à six places qui trottent sur la
route de Chevreuse ; dans la première sont
MM. de Tessé et de Nangis ; dans les deux
autres, la Reine et les dames qu'elle emmène
avec elle, sa chère Villars [1], les duchesses
d'Antin, de Châtillon, Mme de Rupelmonde,
etc. — Elle les règle encore dans le château
où le couvert de la Reine est seul dressé, où
son hôte lui présente les plats, où le chef
de brigade et l'exempt des gardes se relaient
de faction derrière son fauteuil. Il faut qu'elle

dame d'honneur de Marie Leczinska et mourut à Versailles le
11 septembre 1763.

1. Amable-Gabrielle de Noailles, née en 1706, mariée en 1721
à Honoré, duc de Villars, pair de France et grand d'Espagne,
dame du palais, par démission de sa belle-mère en décembre
1727. Elle donna plus tard sa démission, mais resta auprès
de la Reine dans un rang tout particulier. Elle était d'une
haute vertu. Dans les *Souvenirs du comte de Tressau*, c'est
toujours la « Sainte Duchesse ».

« Rien de plus aimable que votre ode, seigneur, écrit
» Moncrif à Tressau, il y a à la fois de la philosophie, de la
» volupté et de la poésie... Je n'en ai point encore tenté la lec-
» ture à la Sainte Duchesse. Une santé languissante dans un
» séjour éloigné du Parc-aux-Cerfs ne dispose pas à l'indul-
» gence pour le genre de cette ode et vous concevez bien que
» **la Thérèse du siècle trouvera... que c'est fair un usage bien**
» **profane de son esprit.** »

en exprime le désir pour que Luynes et Picquigny[1] laissent à un gentilhomme le soin de la servir. Mais alors, elle fait mettre auprès du sien des couverts pour les dames qui l'ont accompagnée et pour celles qu'elle a trouvées à Dampierre, Mᵐᵉˢ de Luynes, d'Egmont et de Rupelmonde. Quant aux hommes, qu'ils dînent à part dans la chambre du Duc. Ensuite la Reine se reposera, puis on jouera à cavagnole et, à sept heures, on finira par un salut. Ce salut a bien souffert quelque difficulté. La Reine n'a pas le droit d'en faire dire un ; le curé n'avait pas l'autorisation de le chanter. Heureusement le grand aumônier de la Reine, Tavannes, archevêque de Rouen, était au château ; il a tout pris sur lui. La Reine est heureuse de se retrouver dans ce milieu amical et il n'a pas fallu, en allant à l'église, de bien grandes instances de Mᵐᵉ de Luynes pour qu'elle restât souper. Après le salut, la calèche de la Duchesse mène Sa Majesté à travers le parc ; on rencontre un marchand de tabatières ; la Reine en achète une qu'elle donne

1. Michel-Ferdinand d'Albert, duc de Chaulnes et de Picquigny, mort à Paris en 1769.

à son hôtesse et la soirée, coupée par le
souper, se passe à jouer à l'éternel cavagnole.
Il est minuit quand les trois carrosses
reprennent le chemin de Versailles.

La Reine s'amuse à ces déplacements.
Ainsi en 1743 va-t-elle, le 30 avril, à Trianon;
le Roi de Pologne est venu la voir et il lui
donne à dîner dans une pièce « qui donne
» sur ce qu'on appelle Trianon-sous-Bois ».
Elle a emmené avec elle nombreuse compa-
gnic de dames, ses inséparables : Mmes de
Luynes et de Villars, les duchesses d'Ancenis et de Fleury, Mme de Rupelmonde, etc.,
et tout ce monde dîne avec elle et Stanislas;
mais l'après-midi, il faut laisser le père et
la fille dans un tête à tête qui dure jusque
six heures.

D'autres fois c'est à Sèvres que la Reine
va ; elle s'arrête à la maison que le duc
d'Orléans a donnée à Mme d'Armagnac [1].
Elle y emmène, par exemple, en mai 1743,
la duchesse de Villars, sa dame d'atours, et

1. Françoise-Adelaïde de Noailles, sœur de la duchesse de
Villars, mariée en 1717 à Charles de Lorraine, comte d'Armagnac, dit le prince Charles, grand écuyer de France, mort le
29 décembre 1753.

trois des dames de semaine, Mmes d'Ancenis, de Rupelmonde et de Talleyrand. Assurément ces visites honorent fort la princesse d'Armagnac ; mais comme elle s'entend à compter, elle sait ce qu'il en coûte de nourrir tout ce monde que la Reine traîne à sa suite. Aussi « n'a-t-elle pas voulu se mettre sur » le pied de lui donner à souper ». Cela ne fait pas l'affaire de la Reine qui est un tantinet gourmande. Aussi, ce soir-là, demande-t-elle à souper ; mais elle ne se met à table qu'avec Mmes de Villars et d'Armagnac. Les dames du Palais restent dans un salon à côté et ne souperont que de retour à Versailles, après dix heures.

Décidément rien ne vaut les réceptions de Dampierre. Là, on ne regarde pas qui elle emmène, là on ne regarde pas à la dépense que sa venue entraîne ; l'honneur et le plaisir de la recevoir paient ses amis de toutes leurs peines. Le 2 septembre 1743, elle prend dans son carrosse la princesse de Conty, Mlle de Conty, Mmes d'Argenson, de Mérode et de Grancey ; Mme de Rupelmonde suit dans un second carrosse avec la duchesse d'Ancenis, les marquises de Chalmazel et de

Castries. Dans un dernier carrosse s'entassent le marquis de Tessé, le bailli de Saint-Simon, le commandeur de Thiauges, l'écuyer de main, l'écuyer cavalcadour, le portemanteau. Les châtelains, eux, dressent sans lésiner toutes les tables qu'il faut servir : table de la Reine et des dames, table des hommes, table pour les pages, pour les gardes du corps, pour les valets de pied, pour les cochers et postillons, pour les garçons d'attelage. Et tout cela est si copieux que la Reine se trouve « incommodée » de faire deux repas à Dampierre. Elle n'arrive donc que pour souper. Et en tout, ses hôtes se multiplient : promenade en chaloupe, cavagnole dans le pavillon de l'île. A table, c'est le Duc qui la sert et c'est une joie de noter que ses « petits-enfants qui étaient » ici, pour la première fois, lui présentèrent » quelques assiettes. » Et au sortir de souper, le *fer à cheval* est illuminé, les masses noires du parc se ponctuent de guirlandes multicolores de lampions. Et de toute cette peine, de cette représentation qui les tient debout jusque passé minuit, un mot gracieux, un sourire suffit à payer la Duchesse, et le

Duc qui note sur son journal « toutes les
» marques de bonté » de la Reine, données
« avec toute la grâce qu'on pouvait y ajouter ».
Il note qu'en partant, elle a embrassé Mᵐᵉ de
Luynes, il note le regret qu'elle a fait voir
« d'être obligée de s'en aller ».

Y a-t-il dans ce regret quelque pressenti-
ment de ce que l'année qui vient, sera pour
la Reine et sa dame du Palais, une année de
douleur et de deuil ? Le carrosse qui, par
cette nuit étoilée, trotte sur la route de Versailles ne ramènera plus de longtemps la
jeune femme à Dampierre. La guerre a
recommencé ; M. de Rupelmonde s'y dis-
tingue. 1744 va ouvrir pour tous deux les
déchirantes séparations.

Mais déjà Chrétienne de Gramont semble
s'être préparée à recevoir le choc. Durant
ces années où elle se mêle si souvent au
mouvement de la Cour, sa dévotion s'est
encore accrue ; dans sa situation si mondaine,
elle s'est décidée « à mener, dit l'historio-
» graphe du Carmel, une vie simple, sévère,
» conforme non seulement à toute l'étendue
» et à la rigueur des préceptes, mais même
» autant qu'elle le pourra à la sévère abné-

» gation que nous inspirent les conseils
» évangéliques ». Un mouvement s'est produit dans la distribution des semaines des
dames du Palais. » On observe, dit Luynes,
» autant qu'il est possible qu'il y ait moitié
» de femmes titrées, à cause des dîners et
» soupers de la Reine. » Maintenant, elle
prend semaine avec les duchesses de Fleury
et d'Ancenis [1], la comtesse de Talleyrand.
De suite les courtisans ont surnommé leur
semaine, la *semaine sainte*, car ces quatre
dames donnent dans la plus sincère dévotion.
Mme d'Ancenis surtout est d'une rigide
piété. Elle souffre de devoir accompagner la
Reine à la Comédie et dès 1741, elle s'entend
avec Mme de Rupelmonde pour rester étrangères à tout ce qui se passe sur la scène.
Assises, dans un coin de la loge, les deux
amies « faisaient continuellement la conver-
» sation ensemble pendant toute la pièce [2] ».

1. Marthe-Elisabeth de la Rochefoucauld-Roye, fille de
François, comte de Roye et de Roucy, mariée le 4 mars 1737
à François-Joseph de Béthune, duc d'Ancenis, pair de France,
par démission de son père. Elle succéda l'année même de son
mariage à sa belle-mère dans la charge de dame du Palais.
Le duc d'Ancenis mourut au château de Fontainebleau le
26 octobre 1739, âgé de 20 ans.

2. *Journal de Luynes.*

Les parties de cavagnole, si chères à la pieuse Marie Leczinska, n'étaient pas un moindre supplice pour nos deux dévotes et cette fois il n'était pas possible de s'y soustraire par des apartés. La duchesse d'Ancenis s'arracha la première à des obligations qui inquiétaient sa conscience. Malgré les supplications de sa famille, elle donna en mars 1745, sa démission. Nous allons voir par quelles douleurs dut passer Mme de Rupelmonde avant de se retirer à son tour.

CHAPITRE X

RUPELMONDE A L'ARMÉE DU RHIN

Le 12 octobre 1740, mourait l'Empereur Charles VI, avec la vaine conviction d'avoir, par ses négociations avec les couronnes, assuré la paisible transmission de ses Etats à sa fille. Mais à peine avait-il fermé les yeux que l'Electeur de Bavière, Charles-Albert, marié à une nièce du dernier Empereur, éleva de ce chef des prétentions sur la succession autrichienne, et il réussit à intéresser à sa cause la Prusse et la France.

Rupelmonde se montra des plus ardents à reprendre le harnais guerrier ; il fut désigné le 1ᵉʳ août 1741, pour faire ses fonctions de brigadier dans l'armée qui allait envahir l'Allemagne ; l'année suivante, son régiment fut envoyé en Bohême, se distingua à l'attaque d'Ellenbogen et au ravitaillement d'Egra ;

dans la retraite qui a illustré le maréchal de
Bellisle, Rupelmonde commandait une brigade dans la division de M. de Louvigny.

La manière dont il se distingua lui valut
d'être promu le 20 février 1743, au grade de
maréchal de camp [1]. C'est le premier grade
d'officier général et comme tel, nous le
voyons employé durant l'été de 1743 sous les
ordres du maréchal de Noailles, et à partir
du 1er août, sous ceux, plus particuliers, du
maréchal de Coigny [2]. « Monsieur, lui écrit
» le -Roi, désirant me servir de vous, en
» votre charge de Maréchal de camp en mes
» armées, dans celle dont j'ai donné le com-
» mandement à mon cousin le Maréchal de
» Coigny, je vous écris cette lettre pour vous
» dire que mon intention est que vous vous
» y employiez dans les fonctions de ladite
» charge, selon et ainsi qu'il vous sera
» ordonné par mon dit cousin et les lieute-
» nants-généraux qui servent sous lui [3]. »

---

1. Il eut pour successeur à la tête du régiment d'Angoumois, M. Jourda de Vaux, qui devint maréchal de France.

2. François de Franquetot, comte de Coigny, né en 1670,
créé Maréchal de France en 1743, duc de Coigny en février
1747, mort à Paris, le 18 décembre 1759.

3. Dépôt général au Ministère de la Guerre, vol. 2.981.

Lorsque cette lettre lui parvint, Rupelmonde commandait le long du Rhin à Fort-Louis. Noailles, battu à Dettingen par les Hanovriens, aurait dû se replier sur le Rhin. Il s'agissait de fortifier tous les points qui pouvaient empêcher le passage du fleuve. Fort-Louis est une place « pour laquelle », écrit le Maréchal de Noailles, « il est néces-
» saire d'avoir une attention très particulière
» dans les circonstances présentes ; il ne faut
» pas perdre un instant pour en ordonner
» l'approvisionnement et pour la mettre en
» état de défense ; j'y ai envoyé M. de Rupel-
» monde, on en dit beaucoup de bien et il
» me paraît d'une grande volonté et fort
» appliqué au métier. »

Son poste allait donner au nouveau Maréchal de camp l'occasion d'entamer directement avec le Ministre une correspondance où, sans doute, il n'y a rien sur les grands faits de guerre, mais qui abonde en petits détails et qui révèle, en effet, en son auteur beaucoup d'application et de goût aux choses de la guerre, un esprit éveillé et l'ardent désir de se distinguer.

Rupelmonde voyait, lui, dans cette corres-

pondance, un moyen de se faire connaître du
Ministre autrement que par les rapports de
ses supérieurs, et il se pressait d'en user :
« Un pauvre petit maréchal de camp de
» fraîche date, comme moi, écrit-il le 11 août,
» trouve si peu d'occasions d'avoir l'honneur
» d'entrer en correspondance avec les minis-
» tres que s'il ne les prenait aux cheveux, la
» paix arriverait peut-être avant qu'il pût
» jouir de cet avantage. C'est ce qui m'oblige
» à ne pas laisser perdre celle que me pro-
» cure le commandement de Fort-Louis...
» Tout le monde m'assure même ici qu'il
» est de mon devoir de vous informer de
» tout ce que mon séjour m'y a fait aperce-
» voir, je le ferai donc, non pour vous
» apprendre des choses dont vous êtes ins-
» truit, mais pour vous prouver que je m'in-
» forme de celles qu'il convient que je
» sache [1]. »

Fort-Louis, pour soutenir un choc, avait
grandement besoin de réparations ; c'était la
faute de « la négligence qu'y apportent les
» commis des fortifications et le travail pres-

---

1. Dépôt général de la guerre vol. 2.981.

» sait, sous peine d'avoir peut-être au pre-
» mier dégel des dépenses beaucoup plus
» fortes. » Les casernes ne valent guère
mieux que les remparts. Seul « l'hôpital est
» beau, propre et en assez bon état » ; mais
quel désordre dans le matériel ! il peut
« contenir environ sept cents malades, mais
» il n'y a pas plus de trois cents et quelques
» paires de draps qui ne suffiraient pas même
» pour trois cents malades dans plusieurs
» maladies qui demandent que l'on change
» souvent. » L'arsenal est « mieux garni d'ar-
» tillerie et de munitions, mais encore insuffi-
» samment pour pouvoir soutenir un
» siège. »

Et c'est à remédier à cette situation que
le comte s'emploie tout aussitôt. Tout
d'abord, il s'agit de rendre le passage du
Rhin impraticable à l'ennemi sur l'espace
des six lieues que comprend son commandement. Pour cela, il se propose de creuser
des redoutes tout le long et il emploie à ce
travail les paysans de la contrée. « Pour
» éviter les friponneries dans le travail »,
leurs conducteurs indigènes seront remplacés
par des sergents ou des vétérans à qui l'on

donnera les trente sols que recevaient les
anciens chefs de travaux. Tout est réglé
pour se mettre en garde contre les fraudes,
une minutieuse inspection est organisée et
le commandant se propose d'aller souvent
lui-même se promener à travers les redoutes.
Non seulement les paysans sont pionniers,
ils doivent encore faire le service des renseignements et au besoin secourir les postes
attaqués [1]. Mais pour cela, il faudrait que les
paysans fussent armés. Cent cinquante fusils
suffiraient. Le ministre ne paraît pas disposé
à les accorder. Tout en félicitant Rupelmonde des mesures qu'il prend, en lui écrivant le 21 août : « on ne peut que louer
» l'attention que vous donnez aux travaux et
» la précaution que vous avez prise de faire
» faire de fréquents appels de pionniers [2] »
et le 23 : « on ne peut rien de mieux
» concerté », il reste sourd aux demandes

---

1. Chaque communauté est instruite des postes auxquels
elle doit des secours... Chaque poste a ordre de m'envoyer
avertir soit de jour, soit de nuit, par des ordonnances et si
par hasard quelque parti avait passé de la route qu'il aurait
prise, s'ils ont un corps à portée d'eux, etc., Campagne du
maréchal de Coigny, Amsterdam 1761, A. n° 12.

2. Ministère de la guerre. Dépôt général, vol. 2.985.

du maréchal de camp. Vainement, Rupelmonde supplie qu'on lui rende le chevalier
de Bonneval qui a encouru la disgrâce du
ministre ; vainement atteste-t-il que c'est
« celui dont je tire le plus de secours pour
» toutes ces choses... mon devoir m'obligeant
» de vous instruire de tout ce qui peut venir
» à ma connaissance, je ne saurais, Monsei-
» gneur, m'empêcher d'avoir l'honneur de
» vous dire que depuis que je suis ici, il ne
» s'est fait connaître à moi que par son zèle
» et ses talents ». Vainement invoque-t-il
d'autres témoignages , le Ministre remet[1] à
plus tard de lui répondre.

Et cela le dispense de répondre puisque
le 1er septembre, avant même d'avoir mené
ses plans à bien, M. de Rupelmonde remet
le commandement de Fort-Louis à M. de
Gensac et, sur un ordre du maréchal de
Noailles, part pour Landau.

Cette place a joué dans les guerres de
Louis XIV et de Louis XV un rôle prépon-

---

1. Ce sieur Germain, ancien commissaire des guerres que
j'ai trouvé ici en pense de même et voudrait bien qu'il lui fût
permis de faire les fonctions de sa charge. Campagne du
maréchal de Coigny, t.XII, pp. 141-144.

dérant. C'était une des têtes de pont du Rhin
et il s'agissait d'en confier le commandement
à un homme capable. En ce moment la place
était fort mal approvisionnée, hors d'état de
soutenir un siège et ce n'est pas sans peine
que le maréchal de Noailles avait décidé le
marquis de Luteaux, lieutenant général, à
endosser une si large responsabilité : « J'ai
» enfin surmonté sa répugnance, écrivait le
» maréchal au ministre, en lui promettant que
» nous ferions tout notre possible pour ne le
» laisser manquer de rien. Il m'a demandé
» sous lui, M. de Rupelmonde, par la confiance
» qu'il a en lui ; l'on m'a assuré d'ailleurs que
» c'est un très bon officier et sur lequel on
» peut compter[1] ».

En conséquence M. d'Argenson expédia de
Fontainebleau, le 16 septembre, un ordre du
Roi portant : « Sa Majesté ayant confié le com-
» mandement de la ville de Landau au sieur
» marquis de Luteaux, l'un de ses lieutenants
» généraux en ses armées, pour la défendre
» en cas de siège contre les attaques de ses
» ennemis; Elle a jugé à propos d'envoyer en

---

1. Dépôt général de la Guerre, vol. 299.

» même temps dans cette place un officier
» général pour y servir sous ses ordres et y
» prendre le commandement de la place à
» son défaut, et se confiant particulièrement
» en la valeur, expérience, activité et sage
» conduite du sieur comte de Rupelmonde,
» maréchal de camp en Ses armées, ainsi qu'en
» sa fidélité et affection à son service, Sa Ma-
» jesté l'a choisi, ordonné et établi pour au
» défaut et en cas de maladie ou autre empê-
» chement dudit sieur marquis de Lutteaux,
» commander dans ladite place de Landau tant
» aux habitants qu'aux gens de guerre, etc[1].»

Rupelmonde ne tarda pas à faire emploi
de cet ordre. Dès le commencement d'octobre
le maréchal de Noailles envoya M. de Luteaux
dans les lignes de la Lauter pour en presser
les travaux et par conséquent, le commandement de la place passa au maréchal de
camp. En même temps, Noailles faisait partir
de Landau pour Lanterbourg, le régiment
d'Eu et s'apprêtait à « en retirer le régiment
» de Royal Allemand cavalerie que je n'y avais
» mis, écrivait-il au maréchal de Coigny,

---

1. Archives administratives. Dossier 1788.

» que par complaisance pour M. de Lut-
» teaux[1] ». Un détachement de 200 à 300
maistres, cavalerie ou dragons, qu'on relè-
verait tous les mois, lui semblait suffisant pour
assurer la sécurité de la place. On était, en
effet, à l'entrée de la mauvaise saison et l'ennemi allait prendre ses quartiers d'hiver. Il
n'y avait plus à craindre d'opérations sérieuses,
et Rupelmonde ne devait plus avoir d'autre
souci que de bien fournir la place de vivres
et d'approvisionnements pour la campagne
prochaine.

Bien qu'il n'y eût pas à se couvrir de beaucoup de gloire dans l'hiver, il était de ceux
qui avaient demandé de rester à l'armée. Peu
de choses l'attiraient à Paris, beaucoup le rete-
naient à Landau. Outre que c'était toujours
une bonne note de témoigner tant de zèle à
faire son service, il comptait bien, à défaut
d'une action d'éclat, montrer au Ministre qu'il
n'avait pas seulement de la valeur, mais encore
de l'adresse et de l'activité et rendre au Roi
au printemps, regorgeant de vivres, Landau
qu'à l'automne il avait trouvé dépourvu de tout.

1. Campagne de M. le Maréchal, duc de Coigny en Allemagne,
l'an 1743, 3° partie.

Au commencement de novembre, le vague-
mestre Fritch, un homme « hardi et très
» entendu » à ces sortes de coups de main,
apprit au commandant qu'il y avait à Rheinhausen, à quelque distance de la place « des
» fourrages à la Reine[1], qui n'étaient pas
» gardés » et lui dit qu'ils seraient faciles à
enlever. Le comte envoya un petit détachement de soixante chevaux de Schomberg et
de trente hommes de Bidache. Les fantassins
seuls passèrent le Rhin et « ramenèrent plu-
» sieurs bateaux déjà chargés de foin qui allaient
» partir pour Mayence.» Le détachement avait
réquisitionné quelques chariots en chemin ;
on y chargea ce qu'on put de foin et une
escorte de dix cavaliers les amena à Landau.
Mais quand, le lendemain, le détachement
qui avait couché dans le pays voulut retourner
à Rheinhausen et achever le transport des
fourrages, il trouva les magasins en cendre.
On n'eut d'autre consolation que de se saisir
du sieur Statler, munitionnaire de la reine
de Hongrie qui, ne pouvant sauver ses foins,
les avait stoïquement livrés au feu, et de le

1. Marie-Thérèse, reine de Hongrie, archiduchesse d'Autriche.

ramener à Landau où il fut interrogé et retenu prisonnier de guerre. Même ainsi réduite l'expédition avait été fructueuse: 6.115 rations pesant 12 livres la ration, cela faisait, au compte de Rupelmonde, tous frais déduits, espions payés et soldats récompensés, au moins 700 francs de bénéfices pour le Roi.

Restait à savoir ce qu'on ferait du sieur Statler. Rupelmonde — et Coigny qu'il avait persuadé — voulait qu'il fut considéré comme prisonnier de guerre et qu'on l'échangeât à l'occasion ; le ministre répondait qu'un munitionnaire n'est pas militaire et ne peut être retenu sur parole. A quoi Rupelmonde de répliquer : « Les munitionnaires de la Reine » de Hongrie ne sont pas sur le même pied » que les nôtres, ils ont parmi eux des offi- » ciers de divers grades, entre autres un lieu- » tenant-colonel des vivres dont j'ai trouvé » des lettres dans les papiers qui ont été » saisis par mon aide de camp à Ettlingen ; » les deux commissaires qui sont ici se » regardent comme prisonniers de guerre et » ne s'en plaignent pas[1]. »

1. Landau, 18 déc. 1743. Dépôt général de la Guerre vol. 2903. L'un d'eux fut relâché sur parole, mais l'affaire était encore

Puisqu'ils ne se plaignaient pas, M. d'Argenson pensa sans doute qu'il n'avait pas à se montrer plus difficile qu'eux et il donna gain de cause à Rupelmonde.

Mais cette question n'était pas encore tranchée, que quinze jours après l'expédition de Rheinhausen, le commandant de Landau en menait à bien une beaucoup plus importante.

L'armée autrichienne avait établi, en pleine Forêt-Noire, dans le petit bourg fortifié d'Ettlingen, un magasin de vivres fort bien fourni. Rupelmonde, tous renseignements pris, crut possible de l'emporter et obtint blanc-seing de ses chefs.

Le 22 novembre dans l'après-midi, on posta aux deux portes de Landau, des sergents qui arrêtaient quiconque se présentait pour sortir mais laissaient entrer qui voulait. Vers le soir, grand mouvement de troupes. Entre les deux chemins couverts de la place, viennent se

pendante en mai 1744. L'un de ces munitionnaires était retenu prisonnier à Fribourg et Rupelmonde avait réussi à le gagner. Il lui transmettait tous les renseignements qu'il pouvait. Seulement retenu captif, il devenait parfaitement inutile. Aussi le 22 mai Rupelmonde proposait-il de le remettre en liberté, soit en l'échangeant contre des commis des vivres, soit en acceptant 300 florins qu'il offrait pour sa rançon, mais il inclinait à l'échange.

ranger l'une après l'autre deux compagnies
de grenadiers de Condé, trois de Monin-Suisse,
une de Nice, cinquante hommes du régiment
de Bidache, des piquets de divers régiments
d'infanterie, soixante dragons de Rhomberg
et soixante chevaux de d'Andlau ; les hommes
avaient eu ordre de prendre du pain pour
trois jours, les cavaliers, du fourrage pour
une journée.

On avait réquisitionné depuis plusieurs
jours et sous les prétextes les plus divers,
une quantité de chariots ; les magasins de
l'artillerie avaient fourni quatre arquebuses
à crocs, des outils et des torches qu'on chargea sur un chariot avec 2,000 sacs vides ; enfin
un chirurgien avait eu ordre de suivre.

A six heures du soir, les hommes d'infanterie montèrent sur les chariots qui devaient
les transporter à Neubourg, à sept lieues de
distance, et à sept heures, tandis que tout
s'apprêtait à reposer dans la petite place de
Landau, le cortège s'ébranla ; les dragons
formaient l'avant-garde ; les soixante chevaux
de d'Andlau fermaient la marche. On arriva
à quatre heures du matin, le jeudi 23, au petit
village de Neubourg, sur le bord du Rhin,

on y trouva le major de Monin - Suisse,
M. Landevin et un officier du même régiment,
M. de Ribeaupierre, qui avaient ordre de
ranger les troupes à leur arrivée, hors de
vue de l'autre rive du fleuve, et d'en assurer
le passage.

L'embarquement se fit à la pointe du jour;
on laissa sur la rive gauche le détachement
de d'Andlau pour garder les chariots et recevoir les bateaux qui devaient venir des places
environnantes pour recueillir les farines et
l'avoine.

En débarquant, les Suisses s'emparèrent
du village de Neubourg-Weiler et empê-
chèrent les habitants d'en sortir, tandis que,
derrière eux, Rupelmonde mettait les troupes
en bon ordre. La compagnie de Bidache, celle
de Romberg et les grenadiers de Condé
eurent ordre de marcher, sous le commandement de M. Salin, sur Ettlingen. Le comte
leur avait adjoint son aide de camp, M. de
Meslier, qui avait eu part à l'élaboration
de l'expédition et que sa connaissance de
l'allemand et du pays « mettaient à portée de
pouvoir remédier à tous les accidents impré-
vus, par ses conseils. »

Tandis que Rupelmonde établit son quartier général dans le château de Sebenhardt, un vieux manoir féodal, tout entouré d'eau, perdu au milieu des bois, mais qu' « il » trouve admirable pour la communication » avec Ettlingen, » tandis que les Suisses, abandonnant Neubourg-Weiler se sont retranchés derrière un bras du Rhin et une digue « qui formait une forteresse naturelle, » que M. de Ribeaupierre y a établi « les qua- » tre arquebuses à crocs, de façon qu'elles » auraient rendu de bons services, si les » hussards y fussent venus, » tandis que Landevin, avec les dernières troupes, est arrivé à Sebenhardt par Forcheim, route bien plus courte que celle suivie par le gros du détachement, Meslier, avec les trente dragons « s'était porté à toute bride sur Ettlingue. » En sortant du bois qui environne Sebenhardt, cette avant-garde, cavalerie et infanterie, a passé le ruisseau, les premiers à gué, les autres, sur des ponts. Les dragons et l'aide de camp, piquant des deux ont fait mine de vouloir » entrer à l'improviste dans le château » mais vis-à-vis du pont, ils ont tourné à droite, sont rentrés sous bois et

toujours galopant, sont arrivés devant Ettlingen. Deux hommes se sont montrés « habil-
lés à la houssarde » qui voyant cette cavalerie, ont fait mine de fuir ; mais se voyant
« joints ils ont demandés quartier » ; on les
a pris et toujours courant, Meslier et ses
dragons se sont saisis de la porte du bourg
« avant que la garde des bourgeois eût eu le
» temps de pouvoir la fermer » et, tandis que
le pistolet à la main, il dépêchait quatre
dragons à chacune des deux « autres portes
de la ville », le capitaine Meslier et le gros
de sa troupe se portait à toute bride à l'Au-
berge de la Couronne. Il comptait y surprendre le commissaire autrichien ; il n'y
était pas ; on ne le trouva pas plus chez lui.
Cela devenait embarrassant, quand parut
un espion français qui avait pris les devants
et qui cria au capitaine en désignant une
maison : « Là, chez le juif ! » Quatre ou cinq
dragons, pistolet au point, se ruent sur la
maison, jurant mort à tous les juifs. Le commissaire, ne reconnaissant pas des ennemis,
se « met à crier qu'il est commissaire de la
Reine. » Les hommes lui mettent la main au
collet et lui déclarent « qu'il est prisonnier

» de guerre, ce qu'il ne pouvait croire. » On le ramène chez lui, on saisit ses papiers, et comme sur ces entrefaites, l'infanterie est arrivée, s'est rangée en bataille sur la place de la petite ville et a renforcé la garde des portes, Meslier « signifie alors aux magistrats le sujet de sa venue, leur demandant 200 chariots pour le transport des magasins. Ils répondirent qu'ils n'en pouvaient donner que cent » et que pour le reste, il fallait s'adresser au grand bailli de Dourlach.

A quatre heures, une estafette vint apprendre, à Sebenhardt, à Rupelmonde le succès de son entreprise. Il s'occupa aussitôt d'assurer l'évacuation des magasins et la paisible retraite de ses troupes.

Grâce à la bonne volonté des magistrats d'Ettlingen et à l'ardeur des troupes « la moi- » tié travaillant sans cesse jour et nuit au chargement, tandis que l'autre se tenait sous les armes, » les derniers chariots sortirent d'Ettlingen le vendredi à midi. Deux heures après, on ralliait le gros du corps à Sebenhardt, et à la nuit tombante, on arriva au village de Forcheim. Il restait à faire, dans la nuit, trois quarts de lieue, que la petite armée parcourut en appuyant la droite au ruisseau très large, dont les bords très escarpés et les fonds très bourbeux « rendaient le passage impossible pour une attaque. » Toutes les précautions étaient prises de même pour éviter toute surprise sur la gauche. Arrivé sur la rive, Rupelmonde fit allumer de grands feux dont la flamme trouant le brouillard, ensanglantait par places l'eau sombre d'une lueur dansante. La même flamme rouge plaquait les visages des soldats, courait au sommet des sacs de grain qu'ils portaient, semblait brûler les grands bateaux où les sacs s'entassaient. Ce-soir là, le voyageur attardé put bien se signer dévotement et croire que les diables se livraient à quelqu'un de ses sabbats si fréquents dans les légendes rhénanes. Après les provisions, les soldats et tandis que les grands feux mourants marquaient la rive et semblaient par instant se réveiller, les bateliers ramenaient à Neubourg le détachement, sans que le chirurgien eût eu à faire son office. Une nuit à couvert dans le logement qu'avait fait assigner la prévoyance du commandant, et le lendemain à la pointe du jour, l'heureux Rupelmonde rentrait à Landau

avec sa troupe escortant des prisonniers et
un convoi de neuf cents sacs d'avoine et d'autant de quintaux de blé : « Si ces petites
» aventures vous divertissent, écrivait-il le
même jour au ministre, « j'espère que
» l'hiver ne se passera pas sans que j'aie de
» pareilles nouvelles à vous mander quelque-
» fois. » « L'audace de ce coup de main avait
stupéfié l'ennemi. Nous avons passé pour être
» six mille hommes, et le fait est que nous
étions un peu plus de sept cents [1]. »

La prise valait, au dire de Rupelmonde,
15 à 16 mille livres au Roi. Aussi s'enhardissait-
il à écrire au ministre : « Bien que les troupes
» du Roy doivent le servir par honneur et
» non par intérêt et qu'étant payées toute
» l'année et souvent sans rien faire, aucune
» corvée ne les mette en droit d'attendre une
» gratification, cependant il semble qu'il est
» quelquefois à propos de récompenser la
» peine et la fatigue que prennent les troupes
» dans les détachements, lorsqu'elles s'y sont
» conduites sagement, qu'il n'y a d'elles au-
» cune plainte et qu'on peut leur faire une

---

1. Dépôt général de la Guerre, volume 2983.

» gratification sans puiser dans les coffres du
» Roi, mais en la prenant sur les sommes
» qu'elles lui procurent [1]. »

De son côté, le maréchal de Coigny avait
donné avis au ministre du succès de l'entreprise et après avoir loué « la volonté des
» troupes et leur discipline, » il avait ajouté
que « M. de Rupelmonde a montré dans cette
« manœuvre autant de prévoyance que de
» zèle et qu'il a conduit son entreprise en
» homme de guerre et avec toute la diligence
» et la sûreté possible [2]. »

Aussi Louis XV avait-il prévenu la requête
du comte et, dès le 9 décembre, son secrétaire d'Etat à la guerre, répondait à Coigny :

« Sa Majesté a fort loué le zèle et la con-
» duite que M. de Rupelmonde a fait paraî-
» tre dans cette expédition, et elle a été si
» contente de la bonne volonté des troupes
» qui y ont été employées qu'elle leur a ac-
» cordé une gratification de 3000 livres dont
» je joins ici l'ordonnance. » Le ministre
laissait Rupelmonde maître de les distribuer
selon le mérite de chacun.

1. 14 décembre 1743 *id.*, *id.*
2. Strasbourg, 28 novembre 1743.

De son côté, Mme de Rupelmonde, la mère,
ne pouvait laisser échapper cette occasion de
faire valoir son fils; celui-ci, qui connaissait
son esprit intrigant et son attitude quéman-
deuse, eut-il peur qu'elle n'outrepassât les
bornes? Et voulut-il y mettre quelque cor-
rectif?

« J'apprends par ma mère, écrit-il, le 25 dé-
» cembre à d'Argenson, qu'elle vous a fort
» importuné à mon sujet; pour moi j'ai cru
» que le parti le plus décent pour moi et le
» plus utile serait de m'en remettre à vos
» bontés sur lesquelles vous m'avez permis
» de compter. J'espère ne rien faire à l'ave-
» nir qui m'en rende indigne et comme vous
» aimez le zèle et que je ne demande pas
» mieux que d'en montrer, j'ose me flatter
» qu'instruit comme vous l'êtes des grâces
» qui peuvent être à ma portée, vous ne
» l'oublierez pas quand il en sera temps. Je
» n'ai pas la présomption de croire que ma
» petite aventure doive beaucoup accélérer
» la chose, je me trouverais bien heureux
» qu'elle vous fît naître la curiosité d'éprou-
» ver si je pouvais faire mieux, permettez-
» moi cependant d'ajouter une chose, que je

» crois pourtant que vous n'ignorez pas, qui
» est que peu de gens ont un besoin plus
» pressant des grâces du roi. S'il était per-
» mis de faire entrer en ligne de compte la
» situation passagère où je me trouve, je vous
» représenterais aussi, monsieur, que réduit
» à Landau aux seuls appointements de mon
» grade, sans aucun des revenants bons
» dont j'ai joui l'autre guerre en pareil cas,
» je me trouve cependant obligé à une dé-
» pense un peu plus forte[1]. »

Au moment où Rupelmonde sollicitait en
termes si humbles, quelques secours pécu-
niaires du Roi, il s'est engagé dans une affaire qui pour peu importante qu'elle paraisse,
lui attira mille tracas et fut près de lui valoir
un désaveu de sa cour.

En septembre précédent, M. de Lutteaux
avait ordonné des coupes dans les forêts
avoisinantes pour se fournir le bois nécessaire aux travaux qu'il faisait exécuter à
Landau et faire aussi quelqu'approvisionnement de poutres et de palissades en cas de
siège. Il ne voulut pas toucher au bois que

---

1. Landau, 24 octobre 1743. Dépôt général de la Guerre
volume 2983.

l'électeur Palatin possédait aux portes de Landau et résolut de faire faire ses coupes dans
les bois communaux de la communauté de
Werth. D'accord avec le maréchal de Noailles,
il fit venir à Landau le prévôt de la communauté de Werth, lui fit part de ses intentions, lui ordonna de « commander inces-
» samment des paysans pour abattre les arbres
» qu'on lui désignait, l'assurant du reste que
» ses bois seraient payés, sans spécifier le
» prix, chose inutile effectivement puis-
» qu'il était sous entendu qu'on les payerait
» au prix que le Roi a coutume de payer
» dans la province tous les bois qui entrent
» dans ses magasins. » Le prévôt ne fit aucune objection et l'abattage commença.

La retraite du maréchal de Noailles, l'ap-
parition de partis ennemis dans les lignes de
la Queich firent abandonner ces travaux.

Au mois de décembre, Rupelmonde qui
profitait de l'hiver pour approvisionner
Landau et remettre en bon état les défenses
de la place, voulut reprendre les travaux
d'abattage. Mais dès les premiers coups de
hache, il fut assailli par les plaintes des officiers de l'électeur Palatin. Invoquant les pré-

cédents de 1734 et 1739 où « l'on a fait éga-
» lement quelques coupes de bois pour le
» service du Roi dans la dite forêt de Werth
» et celle de Hagenbach, » le bailli de
Gemersheim demandait que le commandant
écrivît préalablement à l'électeur : « Si vous
» voudriez, Monsieur, écrivait-il, témoigner
» les mêmes attentions à S. A. E.... je pour-
» rais bien être chargé d'avoir l'honneur de
» traiter avec vous de la quantité des bois
» qui sera nécessaire de couper et du prix
» qui sera juste et raisonnable et, moyennant
» d'une pareille convention, il ne sera plus
» question des plaintes des habitants de
» Werth et du bailli de Hagenbach [1]. » Et
il terminait en assurant le comte de ses
« petits sentiments ».

Ce qui compliquait cette question de coupe,
c'est que le Roi de France et l'électeur Palatin prétendaient tous deux la souveraineté
sur Werth : « Il passe pour constant dans ce
» pays, écrivait Rupelmonde au Ministre, que
» par les derniers traités de limites, tout le
» territoire qui est à la droite de la Queich,

1. 13 décembre 1743. Dépôt général de la guerre, vol.
2983.

» (et c'était le cas pour les bois de Werth)
» est de la souveraineté du Roi et non de
» celle de l'électeur…. je sais bien que cette
» souveraineté que le roi y prétend, l'élec-
» teur la prétend aussi, je sais bien aussi
» que le Roi a négligé de soutenir son droit
» pour l'exercice, mais si des raisons de
» ménagement ont obligé notre maître d'en
» user ainsi, je n'ai jamais pu croire que son
» intention fût que ceux qui sont chargés de
» l'exécution de ses ordres fortifiassent les
» droits de l'électeur par des actes d'acquies-
» cement à une souveraineté que nous lui
» contestons [1]. » Un légiste de Louis XIV,
n'eut pas mieux parlé, nous semble-t-il ; en
conséquence, il avait répondu au bailli, très
poliment, mais très vaguement, et les coupes
avaient continué avec le même entrain.

Mais de son côté, sur les plaintes de
l'électeur, le résident de France à Mannheim, le marquis de Tilly, en avait écrit à
Versailles : la question se trouvait par le fait
portée devant le Roi. Or celui-ci ne voulait
point en ce moment s'aliéner les sympathies

1. Id. vol. 3047. 10 janvier 1744.

de l'électeur : « Le Roi, avait écrit dès le
1er janvier 1744 d'Argenson à Rupelmonde,
« le Roi vous recommande bien expressé-
» ment de ne commettre aucun acte d'auto-
» rité sur les terres du Palatinat, et lorsque
» vous aurez besoin d'en tirer quelques four-
» nitures pour des biens indispensables, de
» vous adresser à son Ministre à Mannheim
» pour qu'il fasse les démarches nécessaires
» à cet effet auprès de cette cour[1]. » Mais
Rupelmonde savait le langage qui était compris dans les ministères, et quand ses explications du 10 janvier arrivèrent, elles modi-
fièrent tout naturellement les sentiments du
Ministre et dans sa réponse du 16, il met
une sourdine à ses instructions du 1er. « Ce
» que je vous ai mandé par ordre du Roi....
» ne tend qu'à vous faire connaître les ména-
» gements que Sa Majesté désire que vous ayez
» pour ce Prince et qu'il convient que vous
» vous adressiez à M. de Tilly.... je sais bien
» que les bois de Werth sont dans un cas
» différent des autres terres du Palatinat ;
» sans entrer dans la question si l'électeur

---

1. Dépôt général de la Guerre, vol. 3048.

» y a simplement la supériorité territoriale et
» si le suprème domaine en appartient au
» Roi, *ce qu'il ne faut point mettre en doute*,
» vous pouvez ménager vos démarches de
» manière qu'on n'en puisse tirer aucune
» induction contre les droits de Sa Majesté[1].

Quand ces dernières instructions lui par-
vinrent, Rupelmonde avait pris dans les bois
de Werth à peu près tout ce qui lui convenait. Alors il changea de conduite. « Je me
» suis rendu, écrit-il le 28, aux instances des
» officiers de l'électeur qui me proposaient
» de prendre dans les abatis de la Queich
» des bois pour substituer à ceux que nous
» pouvions prendre encore à Werth ; mais
» j'ai toujours affecté de dire et d'écrire que
» le désir de ménager un bois où l'électeur
» à le droit de chasse et qui parait lui plaire
» m'obligeait à consentir à ce qu'on exigeait,
» sans jamais y glisser un mot qui pût favo-
» riser ses prétentions. » Le 20 janvier donc
ses ouvriers avaient abandonné les bois de
Werth. Mais les gens de l'électeur sentant que le commandant de Landau était

1. Id. vol. 3048.

mal soutenu de sa cour, lui firent un rapport
qui motiva l'envoi d'un *pro memoria* élec-
toral à M. de Tilly où l'électeur se plai-
gnait très vivement de « la conduite despotique » de M. de Rupelmonde, et de ce que la
garnison de Landau venait chasser dans les
bois si chers à l'Altesse Palatine, et demandait que des instructions catégoriques fussent données au commandant de Landau.
Celui-ci se défendit très énergiquement :
« pour couper court aux prétextes, il déclara
» aux officiers du prince que pour éviter
» les dits et contredits, ils pouvaient arrêter
» ou tuer à leur choix tout Français de
» Landau qu'on trouverait chassant sur les
» terres palatines : c'est, ajoute-t-il, une
» déclaration que je pouvais faire sans risque,
» personne de la garnison ne pensant à
» chasser [1] » La cour de Mannheim, au reste,
ne tarda pas à reconnaître le mal fondé de
sa plainte et punit sévèrement le garde qui
en était l'auteur.

Le comte de Rupelmonde n'en demeurait
pas moins assez inquiet de l'impression que

---

1. Landau, 11 février 1744. Dépôt général 3047.

ces contestations avaient pu causer à son
égard à Versailles : « Je vous avoue, écrivait-
» il le 11 février au Secrétaire d'Etat de la
» guerre, que si j'ai reçu avec soumission et
» reconnaissance l'avis (par lequel le Ministre
» lui traçait sa ligne de conduite), je ne suis
» pas moins affligé de vous avoir mis dans le
» cas d'être obligé de me le donner. » Et
reprenant l'apologie de sa conduite : « J'ai eu
» l'honneur de vous rendre compte de tout
» cela dans son temps, vous n'avez pas blâmé
» ma conduite et je puis vous assurer que je
» n'ai rien fait depuis qui puisse être con-
» traire aux ordres ministériels. » Et d'Argenson de le rassurer : « L'explication.... de
» l'ordre que je vous avais donné précédem-
» ment de la part du Roi de ne rien prendre
» dans les dépendances du Palatinat sans en
» prévenir M. de Tilly, ne doit vous faire
» aucune peine. J'ai cru le devoir à la crainte
» que vous me témoigniez avoir de faire des
» démarches contraires aux droits du Roi,
» en vous marquant que c'était l'affaire de
» M. de Tilly de mesurer ses démarches
» selon les cas, et je n'ai eu nullement en
» vue de censurer votre conduite..... Le

» Roi est très persuadé de la droiture de
» toutes vos actions et que vous n'avez en
» vue que le bien de son service, et je suis
» bien éloigné de donner à Sa Majesté des
» impressions contraires [1]. » Il pouvait donc
se tranquilliser, les torts qu'il s'était donnés
n'étaient, du reste, point de ceux qui déplaisaient à Versailles et si on mit un frein à son
zèle, l'ardeur qu'il apporta à sauvegarder les
droits royaux dut être appréciée de Louis XV
aussi bien que la droiture de ses intentions.

C'étaient là sans doute des faits de minime
importance, nous nous y sommes arrêtés
parce qu'ils donnent quelque idée des petits
incidents de guerre de ce temps et aussi des
difficultés que faisait naître à chaque pas sur
les bords du Rhin l'enchevêtrement des souverainetés, mais surtout parce que s'en
dégage bien le caractère de Rupelmonde :
ferme, actif, prévoyant et joignant au souci
des droits de son prince, défendus avec la
même conviction que par un Français de race,
des qualités toutes diplomatiques de prudence et de sang-froid.

1. Versailles, 17 février 1744. Dépôt général de la Guerre,
vol. 3048.

Mais s'il montre dès lors les qualités de
son métier, il y joint les engouements de
son temps. Le fils de *Julie*, l'élève de l'abbé
Salier n'avait, semble-t-il, point puisé dans
son éducation de bien fermes principes
chrétiens. C'était un philosophe, dira plus
tard de lui Voltaire et l'on sait, hélas ! ce
que l'éloge vaut en pareille bouche. Comme
tel, il s'en tenait sans doute au déïsme assez
vague dont faisaient profession les loges
naissantes de l'Allemagne et ne voyait nul
inconvénient, lui si jaloux des droits du roi,
à accorder sa haute protection aux francs-
maçons de Landau. Ils avaient pu, en toute
liberté, faire célébrer, le jour de Noël, en
l'église des Augustins, une grand'messe en
musique avec accompagnement de trompettes
et de timbales et « avec beaucoup plus d'éclat
qu'il n'est usité dans les fêtes solennelles ».
Le soir venu, ils avaient suspendu dans la
grand'rue de la ville une lanterne « décorée
des symboles de leur confrérie », et de peur
qu'on y touchât, deux sentinelles la gardè-
rent toute la nuit, tandis que de deux en deux
heures, des fusées partaient et pailletant la
nuit de leur éphémère éclat, annonçaient aux

habitants de Landau la naissante doctrine.
Mais le Roi eut vent de ces réjouissances et
la tolérance de son lieutenant ne fut pas du
goût du monarque très chrétien : « Comme
» tout cela s'est passé sous vos yeux, écri-
» vait d'Argenson au comte de Rupelmonde,
» je ne vous dissimulerai pas que Sa Majesté
» a été très surprise que vous ayez pu le
» tolérer et Elle m'a ordonné de vous mander
» que son intention est que vous teniez exac-
» tement la main à faire cesser ces sortes
» d'assemblées et le scandale qu'elles ne peu-
» vent manquer d'occasionner [1]. »

La correspondance de M. Rupelmonde avec
son Ministre se poursuit ainsi tout l'hiver,
nous montrant ce qu'était durant ces longs
mois d'inaction la vie du commandant d'un
de ces postes avancés que la France gardait
jalousement sur toutes ses frontières : vie
active, si l'on a le goût de son métier, si l'on
veut, comme notre maréchal de camp, se
mettre à l'abri de toute suprise au printemps,
vie toute remplie, au reste, car il faut veiller
à tout, faire exercer les troupes pour les

1. Marly 19 janvier 1744. Dépôt général, vol. 3018.

tenir en haleine, rendre compte de leur
capacité au Ministre qui s'en informe [1],
s'aboucher avec ses camarades des environs
et en parcourant les chemins de communication, s'assurer si en cas d'attaque, M. de
Bombelles, par exemple, qui commande à
Bitche est à même de secourir Landau. Puis
il y a les menues affaires de l'administration:
un aide-major qui demande un congé de
santé pour prendre les eaux de Bagnères,
les réclamations de la marquise de Ville à
propos des sommes trouvées sur un mort,
réclamations auxquelles la dame a su intéresser le Ministre, les bons officiers à recommander aux grâces du Roi, tel le sieur de
Lisle, officier du génie, sous les ordres de

---

1. J'ai reçu la lettre que vous m'avez fait l'honneur de
m'écrire le 29 décembre au sujet de l'exercice ; pour le présent, le détail de ce qui s'est fait depuis le dernier compte
que je vous ai rendu ne vous donnera pas grande satisfaction, le temps n'ayant pas permis et ne permettant pas
encore de faire ce qu'on voudrait, les exercices qu'une petite
partie des troupes font tour à tour, leur ayant même fait
tomber plusieurs soldats malades. Landau, 12 janvier 1744,
Dépôt général de la guerre, vol. 3047. — J'ai l'honneur de
vous envoyer ci-joint l'état des coups tirés la semaine dernière. Il n'y est parlé que du régiment de Condé parce qu'il
a seul tiré, la rigueur du temps ayant paru trop grande aux
autres corps pour vouloir y exposer leurs troupes. Landau,
11 février 1744, loc. cit.

M. de Lorme, qui « depuis son départ de
» Landau a dirigé les travaux avec toute l'in-
» telligence et l'activité possibles » et qui sollicite maintenant une commission de capitaine
dans le régiment du comte d'Eu : « bien qu'il
» ait peu vu la guerre vous savez que les
» mineurs trouvent en temps de paix, les
» occasions de montrer leurs talents et leurs
» capacités ; il ne les a pas négligées » ; —
tel aussi ce sieur de Mellier, capitaine au
régiment d'Angoumois et aide de camp de
son ancien colonel qui sollicite un relief. « Le
» génie qu'il sait bien et l'allemand qui lui est
» familier sont des parties d'un grand usage...
» et je ne compte point encore assez sur mes
» propres forces pour ne pas vous supplier
» de vouloir bien ne pas me priver pendant
» la campagne qui va s'ouvrir, du secours que
» je puis tirer du sieur Mellier [1]. » Mais ici
il se heurtera à un refus : il peut garder
M. de Mellier près de lui jusqu'au printemps ;
après, le roi a décidé de ne plus permettre à
des officiers qui ont une compagnie de servir
d'aide de camp à des officiers généraux.

---

1. Landau, 10 février 1744, Dépôt général, vol. 3047.

Il est une proposition à laquelle Rupelmonde paraît avoir attaché un intérêt particulier. C'est celle d'un certain Pafovsky, soi-
disant gentilhomme polonais, qui avait fait
déjà la guerre de partisan aux frais de la
Czarine et que les hasards de la vie avaient
amené cet hiver à Landau. Il avait réuni une
dizaine de déserteurs hongrois, en pratiquait
plusieurs autres dans les environs et s'offrait
à monter un corps de 300 Pandours à la
solde du Roi : « Je n'ose l'y exhorter sans
» avoir reçu vos derniers ordres, écrivait
» M. de Rupelmonde au Ministre, et j'hésite
» à lui dire de renvoyer ceux qu'il garde
» dans la crainte que l'ordre de la levée
» venant, je vinsse à regretter inutilement
» les hommes qu'il a rassemblés, qui seraient
» tout à fait perdus pour le Roi, ne me parais-
» sant pas dans le dessein de s'engager dans
» aucune autre troupe. » A l'avoir longuement
entretenu, il jugeait « avantageusement des
connaissances » du Polonais et de ses talents
pour la petite guerre. « Il me paraît, ajoute-
» t-il, plus au fait des ruses et de la conduite
» des Pandours et autre infanterie légère de
» la Reine d'Hongrie, connaissance fort rare

» dans nos troupes et très nécessaire à ceux
» qui font la guerre contre eux. » Aussi le
« dessein » de Pafovsky lui souriait-il fort et
insinuait-il au Ministre que « si le Roi ne
» jugeait pas à propos d'accepter en entier
» pour le présent la proposition du sieur
» Pavofsky, il pourrait, pour en faire l'essai,
» la réduire au tiers, c'est-à-dire 100 hommes,
» qui coûteraient un peu moins de treize
» mille livres [1]. » Mais le roi n'en jugea pas
ainsi ; d'Argenson répondit que « Sa Majesté
» ne voulait point quant à présent augmenter
» le nombre de ses troupes irrégulières » et
le seul tempérament qu'il accorda c'est que
« comme il ne serait pas juste que la dépense
« qu'il (Pafovsky) a faite restât à sa charge,
» on versât ses hommes dans les régiments
» existants de hussards, en le faisant rem-
» bourser de ses avances par les capitaines
» qui en profiteront [2]. »

D'autres fois, au contraire, ce sont les
grâces du Roi dont son lieutenant est l'inter-

1. Landau 11 février 1744. Dépôt général, vol. 3047.

2. Versailles, 14 et 23 février 1744. Dépôt général de la
Guerre.

médiaire. Ainsi doit-il recevoir solennellement dans l'ordre de Saint-Louis, le comte d'Hamilton, capitaine au régiment de la Marck, qui vient d'être nommé chevalier. Par cette remise de la croix avec un cérémonial minutieusement prévu, le Roi marque l'estime qu'il fait, et de son ordre, et de ceux qu'il en décore.

Puis il y a à s'occuper des échanges de prisonniers ; le général autrichien Tornaco [1] en propose une et sa lettre débute de la façon la plus flatteuse et la plus amicale pour le commandant de Landau : « J'ai appris que » S. M. T. C. vous a rendu justice en vous » faisant son maréchal de camp ; je vous en » fais mon compliment, espérant que, malgré » que les intérêts de nos souverains sont en- » core divisés, vous me conserverez toujours » quelque partie de votre chère amitié [2]. » La proposition de M. de Tornaco fut différée

---

1. Arnold-François, baron de Tornaco et du Saint-Empire, né à Aix-la-Chapelle en juillet 1696 avait débuté à la solde du duc de Wurtemberg. Il fut envoyé à Paris en 1736 pour les conférences de la paix et présenté au Roi le 28 juin. C'est de là que datent probablement ses relations avec Rupelmonde. Il reprit ensuite du service en Autriche et s'éleva au grade de lieutenant feld-maréchal et mourut à Termonde, dont il était gouverneur, le 16 avril 1766.

2. Fribourg, 24 décembre 1743.

parce que Louis XV refusait de faire aucun
« échange particulier » de prisonniers tant
« que la Reine de Hongrie ne voudrait pas
» se prêter à celui des prisonniers qui ont
» été faits en Bohême et en Bavière[1]. » Mais
les termes qu'emploie le général autrichien
ne montrent-ils pas entre lui et Rupelmonde
les liens d'une amitié antérieure ?

Durant ces mois d'inaction forcée le commandant d'une place avancée comme Landau
s'attachait surtout à surveiller les mouvements de l'ennemi, à se faire renseigner par
ses espions sur les endroits où celui-ci établissait ses magasins de vivres. C'était d'abord
une occasion possible de renouveler l'expédition d'Ettlingen, et à ce sujet M. de Rupelmonde avait sollicité et reçu les instructions
précises du ministre[2], — ensuite cela pouvait

1. Marly, 24 janvier 1744. Dépôt général, vol. 3.048.

2. A l'égard des explications que vous demandez pour vous
conduire.... s'il n'est question que du transport de quelques
chariots de grains et de fourrages d'un lieu à un autre dans
un état neutre sans y faire de dépôt remarquable, il convient
de fermer les yeux afin de reconnaître les lieux de leur destination et d'enhardir par cette espèce d'inattention les acheteurs
ou entrepreneurs à fixer les lieux de leurs dépôts et à y faire
des magasins en forme. Comme la formation de ces magasins
n'est pas l'affaire d'un jour, lorsque vous aurez connaissance
de leur progrès et de leur force, vous devrez en rendre compte

fournir des indications précises sur les plans
de campagne des généraux ennemis et sur
les points où ils comptaient se ravitailler.

Plus le printemps approche, plus le service des renseignements déploie d'activité.
M. de Rupelmonde est en rapports suivis
avec les fournisseurs de l'armée française,
et ceux-ci, par les agents qu'ils envoient faire
des achats dans tout le pays environnant, le
renseignent sur les approvisionnements de
l'ennemi. Ces renseignements évidemment
sont sujets à caution : tel sous-traitant peut
exagérer « les achats que font les Autrichiens »,
prétendre « qu'ils augmentent considérable-
» ment le prix des denrées » et n'avoir en
vue que « d'obtenir du traitant principal une
» composition plus avantageuse en lui per-
» suadant que les Autrichiens achètent tout
» à quelque prix que ce soit [1], » Il faut donc

à Sa Majesté en spécifiant les noms et la position des lieux
où ils seront établis, les princes ou Etats auxquels ils appar-
tiennent, ce qu'il pourrait y avoir de soldatesque ou de garnison et joignant à ces éclaircissements le plan de la disposition que vous pourriez faire pour détruire ou enlever ces magasins, afin que, suivant les circonstances, Sa Majesté puisse en
connaissance de cause vous faire savoir ses intentions. — Marly,
29 janvier 1744. Dépôt général, vol. 3.048.

1. Landau, 1ᵉʳ mars 1744. Dépôt général de la guerre, v. 3.047.

contrôler ces dires par des hommes à soi et
« à leur rapport », on peut en tel cas juger
« que les magasins qu'on fait le long du
» Necker ne sont pas si considérables qu'on
» l'avait débité, et il en faudra bien d'autres
» si la Reine de Hongrie veut y tenir le corps
» dont j'ai l'honneur de vous envoyer l'état. »
L'espion, en effet, n'est point revenu bre-
douille ; il s'est arrêté à Stuttgardt où arrivait le général de Tornaco et où il avait
quelqu'un de sa connaissance « ci-devant au
» service du Prince de Wirtemberg ; » il y a
reçu de cet ami « l'état des généraux et des
» troupes qui doivent, dit-on, arriver dans
» cette partie ; on prétend que c'est la copie
» de celui que le duc de Wirtemberg venait
» de recevoir de Vienne. » Le document est
donc de premier ordre ; aussi « comme cet
» homme a accès dans la secrétarie dudit
» prince et que Stuttgardt est le lieu le plus
» propre à épier les mouvements de l'armée
» autrichienne, si elle se porte sur le Nekre,
» j'ai cru qu'il convenait de tâcher d'entre-
» tenir correspondance avec cet homme [1]. »

---

1. Landau, 5 avril 1744. Id., vol. 3.045.

On arrive ainsi au printemps. Aux premiers jours d'avril, Landau est en état de résister à l'assaut de l'ennemi, et dès le 1er de ce mois, l'armée est rentrée en campagne.

CHAPITRE XI

LA CAMPAGNE DE BAVIÈRE ET LA MORT
D'YVES DE RUPELMONDE

L'intérêt de cette campagne de 1744 est tout entier sur le Rhin. Comme l'indiquaient les espions, les Autrichiens se rassemblent tout le long du Necker, le prince Charles de Lorraine qui les commande, dispose tout pour passer le Rhin et porter en Alsace le théâtre de la guerre.

Rupelmonde a reçu ordre de former un camp sous les murs de Landau et il l'a fait en un tour de main. « Ce camp, dit-il lui-» même, pourrait être mieux placé, à le re-» garder comme un camp de guerre. » Mais on n'avait point l'embarras du choix, il fallait ménager les terres fraîchement ensemencées. Le maréchal de Coigny l'avait expressément recommandé, et Rupelmonde avait pris le terrain dont il pouvait disposer.

Le camp, donc, déployé sur deux lignes, s'appuyait vers la gauche à Landau ; derrière coulaient les eaux de la Queich ; cela avait décidé le commandant à mettre la cavalerie en seconde ligne. Le flanc droit se fermait par « une potence composée de dragons » qui faisait face au bois, limite extrême du territoire communal. Le camp ainsi dessiné pouvait contenir jusque 50 à 60 escadrons et une quinzaine de bataillons. Tout ce monde n'y était pas encore. Le 8 mai, arrive le régiment de dragons L'Hôpital, qui vient former la potence et laisse un espace libre pour le Colonel Général de dragons, au cas où il viendrait comme le bruit en court. Ces dragons de L'Hôpital ont vraiment besoin d'un peu de temps pour achever leur éducation militaire. Leur colonel « compte bien profiter du loisir » qu'il va avoir pour les exercer et M. de Rupelmonde lui fournit la poudre nécessaire à cet effet. Il leur a fallu aussi des fourches et des piquets pour dresser leurs tentes : on a été les couper dans un bois appartenant au baron de Dalberg ; mais Rupelmonde qui sait maintenant à quelles récriminations l'exposent des réquisitions

forestières trop sommaires, assiste en personne à l'abattage et y fait assister « un des
officiers » du baron « afin d'éviter les dégra-
» dations inutiles ou les plaintes qui auraient
» pu être portées si on s'y était pris autrement. »

Enfin, dès la première heure, il établit
dans son camp la plus sévère discipline et
« j'ai, écrit-il, averti les officiers que j'y
» tiendrais sévèrement la main, très résolu
» de leur tenir parole, parce que — juge-t-il
» avec raison, — la discipline de toute la
» campagne dépend ordinairement du début [1]»
Ces mesures eurent le plein agrément du
Ministre : « On ne peut qu'approuver, répon-
» dit-il, l'attention que vous avez eu de mar-
» quer le campement dans les endroits les
» moins dommageables et de veiller en même
» temps à ce qu'elles (les troupes) soient
» exercées dans le camp et qu'elles y obser-
» vent une exacte discipline[2]. »

Lorsque le Ministre signait cette réponse
à M. de Rupelmonde, celui-ci n'était déjà

1. Landau, 8 mai 1744. Dépôt général de la guerre, vol.
3.045.

2. Lille, 18 mai 1744. Id., vol. 3.048.

plus commandant de Landau. Le 14 mai, le
comte de Montal, lieutenant général, était
arrivé pour commander le camp sous Landau
et notre maréchal de camp avait reçu l'ordre
de rejoindre l'armée du maréchal de Coigny.
C'était l'abrogation implicite de ses pouvoirs
de commandant de Landau. Aussi, dès le 16,
fit-il la remise solennelle du commandement
de la place à M. de Massauve, en même
temps qu'il déposait en ses mains la correspondance et tous les papiers relatifs à cette
fonction : « Sa Majesté, écrivait d'Argenson,
» en ratifiant cette remise de pouvoirs, m'a
» ordonné de vous marquer qu'Elle est très
» satisfaite de la manière dont vous vous êtes
» acquitté de ce commandement[1]. »

Ce rappel à l'armée en marche n'était, au
reste, point une disgrâce ; Rupelmonde l'avait
lui-même sollicité ; c'était la meilleure occasion de se distinguer et de pousser plus loin
sa fortune. C'était l'heure même où la mort
de son seul enfant portait aux lointaines am-
bitions un coup terrible et devait faire saigner,
si peu sensible qu'on le suppose, son cœur

1. Au camp devant Menin, 26 mai 1744, id.

paternel ; il ne semble pourtant pas, à parcourir les lettres qu'ils vont écrire durant l'été, que le maréchal de camp et sa mère se soient sentis découragés par cette mort imprévue. Peut-être se disaient-ils que Mme de Rupelmonde était en pleine jeunesse et qu'à la paix, on pourrait aviser à réparer cette perte.

En rentrant à l'état-major, Rupelmonde perdait tout motif de correspondre encore avec le Ministre ; après son départ de Landau, il lui avait encore écrit relativement aux espions qu'il gageait dans la Forêt Noire : mais il devait bien vite cesser : « Depuis que » je suis réuni à l'armée de M. le maréchal » de Coigny, écrivait-il à d'Argenson le 29 » mai, je n'emploie plus personne par la » raison que ce ne serait qu'une double dé- » pense et une double fatigue pour vous par » la lecture de mes lettres qui ne vous appren- » draient rien que vous ne sachiez de même » par M. le Maréchal [1]. »

Une lettre du 11 juin nous montre encore notre commandant dans son camp de

---

1. Hittenhofen, 29 mai 1744. Dépôt général, vol. 3.040.

Regenheim, au lendemain d'une fausse alerte.
Le 8 juin au soir, il est parti à la tête de
« 600 hommes des régiments de Saxe et de
Royal-Suédois » et il est allé se poster « vis-
à-vis de l'île de Nekrau, entre le village de
Monerem et l'embouchure du Rheebach. » A
la pointe du jour, on a reconnu le terrain,
fouillé le bois qui borde le Rhin, pris ses
positions, et les hommes les ont gardées toute
la matinée ; car « le bruit des caisses enne-
mies » qui n'ont cessé de rouler, faisait craindre
qu'ils ne tentassent « de s'établir à Nekrau et de
passer le Rhin au-dessus ou en-dessous. »
Le rapport d'un espion dissipa momentané-
ment ces craintes et même, le 10, le maréchal
de Coigny rappelait le régiment de Saxe et
ne laissait à Rupelmonde que le Royal-Suédois
et « cinquante housards qui font des patrouilles
et dont quelques-uns restent d'ordonnance
« aux postes que j'ai établis, écrit-il, sur le
Rhin, vis-à-vis de ceux des ennemis [1]. »

De ces alertes, combien y en eut-il pendant
ce mois de juin où Yves de Boulogne caraco-
lait dans le nombreux état-major du maréchal

1. Camp de Regenheim, 11 juin 1744. Dépôt général vol.
3039.

de Coigny et guettait avec sa passion du militaire et sa froide valeur, les occasions de
se mettre en vedette.

A Paris, sa mère rongeait son frein de ce
que les grâces du Roi — brevet de lieutenant
général ou peut-être, qui sait, un cordon bleu,
— tardaient tant à récompenser son fils. Elle
saisit le premier prétexte, la reddition d'Ypres,
pour se rappeler au souvenir de son bon ami
d'Argenson.

« Il n'est pas possible, Monsieur, de ne
» pas vous importuner d'un compliment sur
» les succès brillants de nos armées, on vous
» les doits puisque c'est l'état où vous les avés
» misse qui en a fait la possibiliter, je vois
» pourtant avec douleur que l'armée du Rhin
» est oubliée ; si on en croyoit Paris on trou-
» veroit qu'elle sçait conduit peut-estre plus
» utillement que toutes les autres. J'ose me
» flater qu'on ne vous a point dit de mal de mon
» fils ; si on parvient à la paix que nous devons
» désirée, adieu les militaires ; il a pourtant
» bien besoin des grâces du Roy et les cam-
» pagnes de renge fort ses finances ; voilà M. de
» Boufflers lieutenant général qui n'est colonel
» que l'année de devant mon fils ; vous l'ho-

» norez de vos bontés, on rend de bon témoi-
» gnage de luy ; que faut-il pour espérer
» quelques grâces du Roy, quand tout le
» monde en est comblers ; je ne pousse pas
» plus loing mes refflections ; j'espère que
» vous voudres bien luy rendre service et
» lui acorder votre protection. J'en aurois
» une reconoisance extrême [1]. »

Cette lettre dont le style et jusqu'à l'ortho-
graphe indiquent, semble-t-il, si bien le caractère vif, impatient et impérieux de son
auteur, dont elle espérait grand effet, tombait bien mal.

Le 30 juin au soir, déjouant le maréchal
de Coigny, le prince Charles avait fait passer le Rhin à son avant-garde à Shierk ; le
lendemain le gros de l'armée le franchit près
de Wissembourg. Vainement les Français
accourent-ils pour disputer le passage. Ils
sont arrêtés devant la petite ville par la résis-
tance désespérée des Hongrois du colonel
Forgacz, qui périssent jusqu'au dernier plutôt que de se rendre.

A cette attaque, M. de Rupelmonde s'était

1. Paris, 6 juillet. Dépôt général, vol. 3040.

distingué ; mais le marquis de Croissy, chargé
par Coigny d'aller à l'armée de Flandre
rendre compte au Roi, de l'état des affaires
en Alsace, avait omis, à dessein ou involon-
tairement, de parler de son collègue. Aussitôt avertie de ce silence, la vieille marquise
reprend la plume pour réparer cette omission
et, du même coup préciser ce qu'elle attend
pour son fils des bontés du Roi :

« Mon étonnement a été extrême, Mon-
» sieur, d'aprendre que mon fils n'estoit pas
» nommer dans les premières nouvelles arri-
» vées au Roy. Voilà la copie de la lettre que
» je viens de recevoir de luy ; je n'ajoute rien
» à la simpliciter avec laquel elle est écrite
» et il me semble quel dit plus que les
» grandes vanteries pour rien. Vos bontés et
» l'occasions me paroissent favorable pour
» obtenir pour luy grâces honorable de pré-
» férence aux leucratif, qui ne peuvent pas
» menquer dans la suitte ; je désirerois lieu-
» tenant général ou au moins chevalier de
» l'ordre ; il a trente six ans. » Voilà le grand
mot lâché et à l'appui de cette requête à
brûle pourpoint elle invoque le bon témoignage
du maréchal de Coigny et surtout : « Vous

» lui deves de l'amitié par l'atachement qu'il
» a pour vous. Voilà une occasion bien essen-
» tiel » de lui marquer cette amitié [1], et aussi
de s'acquérir la reconnaissance de la mère.

Mais M. de Rupelmonde, malgré les bons
rapports de société que celle-ci entretient
avec le ministre, semble toujours craindre
que le ton impérieux dont elle quète les libé-
ralités royales ne la rende gènante et importune et qu'à vouloir même à contre-temps,
emporter haut la main les « grâces honorables, » elle ne retarde plutôt son avancement. Aussi dès qu'il a vent de sa requète,
dès qu'il a appris qu'elle a écrit à d'Argenson « d'un style que sa tendresse pour son
fils rend excusable » prend-t-il à son tour la
plume pour assurer le ministre qu'il aurait
« modéré la chaleur de ces termes » s'il avait
été à portée de le faire et que sa mère eût
bien voulu écouter ses représentations. Et
s'il reprend le récit de sa conduite à Wissembourg ce n'est que pour mettre d'Argenson à même de « juger si j'ai usé de rhéto-
» rique, » dit-il, « en racontant à ma mère ce

1. Dépôt général de la Guerre, juillet, vol. 3040.

» que j'ai pu faire, qui ne m'a point paru
» étonnant et ne m'a point étonné ; et s'il
» m'est permis d'user avec vous d'un pro-
» verbe je ferai, comme on dit, d'une pierre
» deux coups ; car ma mère m'ayant en même
» temps mandé que... M. de Croissy avait
» dit que je n'étais pas à l'attaque de Wissem-
» bourg, ce qu'il a sans doute ignoré parce
» que sa destination l'avait placé ailleurs au
» moment de l'attaque, j'ai pensé que je ne
» ferais par mal de vous faire souvenir que
» m'étant trouvé sans emploi au moment des
» attaques, je m'étais offert à M. de Montal,
» qu'il m'avait accepté, que m'étant porté
» avec lui à celle dite de la porte de Landau,
» j'y étais resté seul, ses occupations l'appe-
» lant ailleurs, et qu'il était entré ensuite
» dans la ville, j'y étais resté par ordre de
» M. le maréchal de Coigny jusqu'au moment
» de son évacuation dont je fus chargé par
» lui. M. le maréchal de Coigny, suivant ce
» que m'a dit Monsieur son fils, doit vous avoir
» mandé tout cela, mais comme plusieurs
» occupations plus intéressantes pourraient
» sans miracle le lui avoir fait oublier, j'ai
» **cru que vous voudriez bien me pardonner**

» une répétition que je vous aurais évité si
» la fortune m'avait fourni assez d'occasions
» de montrer ce que je voudrais faire pour
» pouvoir faire bon marché de celles qui ne
» méritent pas plus que la dernière une ré-
» pétition que je vous supplie d'excuser [1]. »

En M. d'Argenson les Rupelmonde ont un
réel ami et cela n'a sans doute pas tenu à lui, si
ce maréchal de camp n'a pas été promu lieutenant général : « Je ne perds pas une seule occasion, répond-il à la mère, de parler au Roi de
M. votre fils et de faire valoir ses talents,
ses services. » Et il ajoute en marge : « Je
» viens d'en avoir une que je n'ai pas laissé
» échapper au sujet de l'attaque de Wissem-
» bourg, où M. votre fils s'est conduit avec une
» distinction singulière, » Puis reprenant :
« J'espère qu'ayant une aussi bonne cause à
» soutenir, je parviendrai à réussir à vous
» donner des marques essentielles de mon
» attachement [2]. Aussi peut-il assurer le 21
sa correspondante qu'elle ne doit avoir
« aucune inquiétude » et répondre à Rupel-

---

1. Ministère de la Guerre. Dépôt général, vol. 3040. Camp
de Bischweiler, 19 juillet 1744.

2. *Id.*, vol. 3048. Dunkerque, 12 juillet 1744.

monde : « Le Roi a été bien informé de la
» manière dont vous vous êtes conduit à
» l'attaque des lignes de Wissembourg et
» vous ne pouvez rien désirer sur la justice
» que Sa Majesté vous rend à cet égard. Il
» ne tiendra pas à moi que vous ne receviez
» des preuves de la satisfaction qu'Elle a de
» vos services[1]. »

Malgré ces bonnes paroles et ces assurances de l'estime royale, aucune des grâces
sollicitées n'arrivait et Rupelmonde mourut
sans avoir eu à remercier encore le Roi. A
parcourir sa correspondance et celle de sa
mère avec le ministre, on voit comment il ne
manquait aucune occasion de faire son devoir
et en quelle réelle estime ses chefs l'ont toujours tenu, et on ressent l'impression qu'en
dépit des assurances du ministre, Louis XV,
pour l'un ou l'autre motif, ne voulait guère
de bien à son maréchal de camp.

Rupelmonde, qu'il s'en aperçût ou non, continuait à se distinguer : ainsi à l'attaque des
retranchements de Suffelsheim. Mais dès les
premiers jours d'août, l'entrée en campagne

---

1 *Id.*, vol. 3048. Laon, 29 juillet 1744.

de Frédéric le Grand qui, déchirant tous les traités, envahit la Bohème, changeait complètement la face de la guerre. Le prince Charles s'empressa de repasser le Rhin pour aller s'opposer dans les Etats héréditaires d'Autriche aux troupes prussiennes ; l'armée hanovrienne restant l'arme au pied dans les Etat rhénans, l'Alsace se trouva débloquée et la campagne, si brillamment entamée, s'acheva subitement en plein cœur de l'été.

Dès lors les Français ont le champ libre pour donner la main à l'infortuné Charles VII [1], chassé de sa capitale et dont les états sont à peu près au pouvoir des Autrichiens. Au mois de septembre le marquis de Ségur [2] est détaché à la tête d'un corps pour lui porter secours, et M. de Rupelmonde est désigné pour en faire partie. Cet honneur lui était peu envié : la précédente campagne avait laissé dans l'armée de si cuisants souvenirs que

1. Charles-Albert, électeur de Bavière, élu empereur à la mort de Charles VI. Il mourut en janvier 1745.

2. ... Marquis de Ségur, alors lieutenant général et depuis maréchal de France et ministre de la guerre sous Louis XVI était fils de François-Henri, Comte de Ségur, maître de la garde robe du duc d'Orléans, régent de France et de Philippe-Angélique de Froissy, fille naturelle de ce prince.

nul ne sollicitait d'y retourner et que demandant à garder auprès de lui son aide de camp, Rupelmonde écrivait au ministre : « Il montre autant de désir de retourner en » Bavière que la plupart des officiers en font » paraître d'éloignement. » Ce brave était le chevalier de Lansalut, lieutenant au régiment de Nice « bon ingénieur et ayant été tou- » jours employé comme tel en Bohème, ayant » même dirigé en chef le retranchement d'un » poste dont on fut satisfait. » Rupelmonde et Ségur pensaient qu'il pouvait être d'autant plus utile que « l'Empereur a très peu d'officiers qui entendent cette partie [1]. La permission fut accordée sur-le-champ et Lansalut accompagna son chef en Bavière.

Le 1er septembre le marquis de Ségur se mit en marche. Le 2, il était à Billigheim, à la poursuite du feld maréchal Bernklau. Rupelmonde envoyé en avant avec 400 chevaux et 600 hommes d'infanterie, éclairait la route. Le colonel du Royal Allemand qui le précédait, aperçut ce jour-là le corps de Bernklau rangé en bataille devant son camp, non loin

1. Ministère de la Guerre. Dépôt général, vol. 3041.

de Canstatt. Une partie des troupes avait déjà passé le Neckar et, quand le lendemain Ségur, à son tour, eut passé la rivière, il apprit que les Autrichiens avaient sur lui une avance de deux journées et ne trouva plus que des hussards isolés qui se cachèrent rapidement dans les gorges de la Forêt-Noire.

Le 16, les Français étaient à Jaxheim ; de là ils eurent bientôt fait leur jonction avec le feld maréchal de Seckendorff, commandant en chef des troupes impériales. Fort de 32,000 hommes celui-ci pouvait dès lors aisément pousser les Autrichiens. Bernklau qui n'avait à lui opposer qu'une vingtaine de mille hommes, dont une partie était immobilisée en garnisons dans les villes bavaroises, n'avait d'autre parti à prendre que de se retirer lentement devant des forces supérieures. Le 15, il évacua Munich et se dirigea sur Landshut. A cette nouvelle, tout malade qu'il fût, l'Empereur entreprit de rejoindre l'armée. Il arriva au camp le 21 et passa les troupes en revue. Le 22, l'armée campait à Mentzing à une lieue de Munich et le 23, l'empereur rentrait dans sa capitale aux acclamations enthousiastes du peuple.

Tandis qu'il reprenait possession de son palais, MM. de Ségur et de Rupelmonde, à la tête de 14 bataillons français et de sept escadrons de cavalerie impériale, poursuivaient l'ennemi sur la route de Landshut. Le colonel de Lutzen, laissé en arrière par Bernklau pour disputer aux Français les lignes de l'Isar, ne fit qu'une défense fort molle et Ségur vint donner la main à un renfort de troupes palatines sous les murs de la place.

Bernklau alors commença une lente retraite sur Braunau, en longeant la rive gauche de l'Inn. L'armée impériale le suivait pas à pas. Le 12 novembre, l'Empereur tenta une reconnaissance du côté de Passau. Mais la position des généraux autrichiens enlevait toute chance de succès à une entreprise contre cette ville. Le feld maréchal prussien de Schmettau, que Frédéric avait détaché près de l'Empereur, le décida alors à se rabattre sur la petite place de Burghausen.

Le prince de Saxe-Hildbourghausen [1] fut chargé de l'emporter de vive force. Les comtes de Saint-Germain et de Rupelmonde eurent

---

1. Ernest-Frédéric, duc de Saxe-Hildbourghausen, général au service impérial.

ordre de le joindre. Tandis que toutes ces troupes s'ébranlaient dans la direction du haut Inn, M. de Mortagne amusait l'ennemi à l'embouchure de la rivière en jetant un pont sur le Danube à Plattling.

Le détachement, parti le 18 novembre, rencontra, le 19, Rupelmonde à Obermorringen et arriva près de Burghausen dans la soirée. Le prince de Saxe décida de commencer l'attaque sur trois points : Saint-Germain se présenterait à la porte Saint-Jean avec 500 grenadiers impériaux, tandis que Rupelmonde, à la tête des grenadiers français, tenterait l'escalade des ouvrages du château près de la porte d'OEting. Une feinte devait être dirigée entre les deux, au centre où le prince, avec les grenadiers hessois et trois bataillons d'infanterie, se tiendrait prêt à porter secours à l'une ou l'autre attaque.

L'ennemi se gardait fort négligemment ; car Rupelmonde put, sans être inquiété, examiner les ouvrages qu'il devait emporter dans quelques heures ; un déserteur put quitter la ville sans être aperçu, indiquer au général français la porte non gardée par où il était sorti, et un détachement de vingt grenadiers

ayant à leur tête l'ingénieur en chef Riancourt,
l'aide de camp Lansalut et l'interprète Falckenheim, capitaine au Royal Suédois, put tout
aussi tranquillement contrôler l'exactitude des
renseignements du déserteur. Au sens de
Riancourt, l'étroitesse du passage, l'escarpe-
ment du sentier rendaient l'expédition bien
périlleuse, d'autant plus que sur un terrain
éboulé et couvert de cailloux, on ne pouvait
guère penser surprendre l'ennemi avant d'a-
voir éveillé son attention.

A ce moment Rupelmonde qui avait remis
son monde en marche à quatre heures du
matin, se tenait caché derrière deux « petites
» censes » avec ses trois canons et son matériel
de guerre. Le jour commençait à poindre
quand, après être allé lui-même en reconnaissance, il se rangea à l'avis de l'ingénieur.
Il n'en fit pas moins établir sa batterie en
plein glacis, à une demie portée de fusil de
la tour du château. A peine soldats et paysans
eurent-ils commencé l'ouvrage, que, le jour
paraissant, ils furent assaillis des feux ennemis. Ce fut une panique parmi les paysans,
mais les officiers eurent vite fait d'y mettre
bon ordre. A ce moment arriva l'ordre du

prince de Saxe de tenter à tout hasard l'escalade. Trente volontaires s'élancent portant des échelles, se coulent le long du mur de la fausse braie ; les grenadiers de Sarre et de Condé suivent conduits par M. de Riancourt ; l'infanterie se met en bataille « à files ouvertes » à cent pas du glacis.» Du château, part un feu nourri. M. de Riancourt a le bras traversé et n'en avance pas moins ; le général, alors, établit une nouvelle batterie qui « tire à bar-» bette sur le château ; cela ralentit un peu » le feu.» Les grenadiers, au reste, ont longé la fausse braie, enfoncé la porte mais se trouvent arrêtés, parce qu'à la première alarme les ennemis ont barricadé la porte et mis le feu au pont. Alors Rupelmonde se met en marche avec sa réserve, suit le chemin qu'ont pris les grenadiers et, à leur suite, pénètre dans le château en traversant les fossés sur les poutres à demi calcinées « sans autre risque » que de tomber, puisque les grenadiers.... » étaient déjà maîtres du château d'où l'on ne » tirait plus.»

L'attaque dirigée par Saint-Germain, avait eu un succès encore plus rapide. Le comte de la Roche, capitaine de dragons, avait esca-

ladé les murs et, le premier, était entré dans
la ville avec trente hommes. Aussi quand
sortant du château « par le guichet » parce
que le pont n'était pas encore baissé, Rupelmonde arriva dans la ville basse, la trouva-
t-il remplie de soldats qui faisaient des prisonniers ou qui tiraient par les fenêtres des
maisons longeant la rivière, sur les pandours
qu'on voyait fuir sur l'autre rive.

L'affaire n'avait duré que deux heures et
coûtait cher à la garnison autrichienne. Sur
1,200 hommes, 300 avaient été tués, 700 faits
prisonniers, et parmi ceux-ci se trouvait le
commandant de la place, le colonel Schoch.

Ce brillant fait d'armes fit honneur à tous
les acteurs. « C'est un coup du Ciel », écrivait
non sans quelque complaisance le prince de
Saxe-Hildbourghausen, et il rendait justice
aux grenadiers français : « ils ont très bien
» fait sous les ordres du comte de Rupel-
» monde. Ils ont donné les preuves de la
» plus grande intrépidité, écrivait-on à la
Gazette de France. « Ils ont exécuté ce que
» tout le monde soupçonnait impossible»,
écrivait Rupelmonde au Ministre, « et qu'en
» vérité, je n'aurais osé prendre sur moi d'en-

» treprendre si j'avais commandé. Il est im-
» possible, ajoutera-t-il dans son rapport, de
» détailler toutes les actions particulières des
» grenadiers qui se sont distingués.» Il s'at-
tache pourtant « à faire valoir » les services
qu'ont rendus « M. de Riancourt qui, tout
» blessé, a continué de remplir ses fonctions
» avec la même activité, M. de Falckenheim,
» dont il ne saurait assez louer la valeur et
» l'intelligence, M. de Chieza, un volontaire
» lieutenant au régiment de la Sarre qui a
» fait merveille » et surtout son aide de camp
Lansalut. « Pour aller reconnaître une place et
» y aller gaîment, je ne crois pas qu'on puisse
» s'en mieux acquitter.» A signaler encore ce
lieutenant au régiment de Bourgogne, « offi-
» cier de fortune qui aurait grand besoin de
» quelque grâce pécuniaire, il a déjà obtenu
» en Bohême une gratification qu'il n'a jamais
» touchée.» Combien, comme lui, parmi ces
utiles et obscurs serviteurs, n'émargèrent-ils
jamais que sur le papier au Trésor aux abois.

La conduite de Rupelmonde fut fort appréciée en haut lieu. « Le proverbe dit qu'à l'œuvre
» on connaît l'ouvrier » écrivait Ségur en trans-
mettant au ministre le rapport de son subor-

donné, « par la relation que m'a envoyée M. de
» Rupelmonde, vous verrez l'ordre et le sang-
» froid avec lequel il a conduit son attaque.
» Cette affaire a réussi au delà de ce qu'on
» devait en espérer et je vous avouerai que j'en
» avais beaucoup d'inquiétude, craignant que
» les ennemis ne pussent y porter secours [1]. »

Sans se laisser rebuter par l'insuccès de
tant de démarches répétées, Mme de Rupelmonde n'a eu garde de laisser échapper cette
occasion d'en recommencer une nouvelle. Et
le ministre d'y répondre : « Sa Majesté a té-
» moigné être très contente de la manière
» dont il (votre fils) s'est distingué. Je vous en
fais mon compliment avec bien du plaisir [2]. »

Avec le fils, le compliment est moins laco-
nique : « Sa Majesté, après avoir rendu justice
» aux talents et à la valeur du commandant,
» a paru très disposée d'accorder des grâces
» aux officiers pour lesquels vous en proposez.
» Vous devez assurer les troupes qui ont eu
» part sous vos ordres à cette action, de la
» satisfaction de Sa Majesté et, pour ce qui

---

1. Wilshfofen, 23 novembre 1744, Ministère de la Guerre.
Dépôt général, vol. 3050.

2. Versailles, 5 déc. 1744, id. vol. 3049.

» vous regarde personnellement, soyez per-
» suadé des dispositions favorables de Sa
» Majesté. Elle m'a ordonné de vous en donner
» les plus fortes assurances et j'y joins de
» bien bon cœur mon compliment particulier
» sur le succès d'une entreprise à laquelle
» vous avez eu tant de part et qui vous fait
» tant d'honneur. Je ne perdrai certainement
» aucune occasion d'en rappeler le souvenir
» à Sa Majesté[1]. »

Mais pas plus que les précédentes assurances, nous ne verrons celle-ci suivie d'effet.

Cette action d'éclat avait terminé la campagne et M. de Rupelmonde ramenait ses
troupes vers Wilshofen pour y prendre leurs
quartiers d'hiver, quand d'instantes dépêches
du prince de Saxe le rappelèrent en arrière.
Un parti ennemi menaçait Burghausen et les
Français durent s'enfermer dans la ville basse,
tandis que les Impériaux occupaient la cita-
delle. Cela se réduisit à une canonnade de
trois jours. Le 28 novembre, l'ennemi avait
disparu et dans la journée le corps de M. Rupelmonde se remit en marche. Le 1er décembre

---

1. Versailles, 5 décembre 1744, id., vol. 3049.

il était à Landshutt, le 7, à Neustatt d'ou
son commandant allait être dirigé sur Vohbourg. Entre deux, il fit un crochet vers
Munich pour présenter ses hommages à l'Empereur et lui « témoigner, écrit-il, combien
» je suis flatté des bontés dont il m'a honoré.»
A ce voyage, il apprit seulement les change-
ments apportés par Louis XV à son ministère :
» Le détachement que j'ai eu », s'empresse-
t-il d'écrire à son ami d'Argenson, « m'a si
» parfaitement séparé de tout le reste du monde
» que ce n'est que d'hier que j'ai appris la
» nouvelle de la place accordée par le Roi à
» Monsieur votre frère et que les postes vous
» avaient été en même temps données. Je
» m'intéresse trop à tout ce qui vous touche
» pour ne pas partager votre satisfaction et
» je me flatte que vous voulez bien me rendre
» la justice d'en être persuadé.» Il y trouva
ses chefs, Ségur et le maréchal de Belle-Isle,
qui, écrit-il encore, « après m'avoir gardé
» vingt-quatre heures, m'ont chassé bien vite
» pour aller établir mon quartier de Vohbourg
» où je dois mettre deux bataillons d'Alsace,
» s'ils y peuvent tenir. »

C'était un gros village ouvert, à peu près à

mi chemin de Neustatt où Ségur comptait
établir son quartier général, et d'Ingolstadt
qu'une garnison autrichienne continuait à occuper ; il était assis sur la rive droite du Danube,
un peu au-dessus d'un gros ruisseau qu'il fallait
passer pour aller à Neustatt ; on le traversait
sur un pont de bois, dont un ouvrage de
terre défendait la tête. Au centre du bourg,
sur une éminence, un château « enveloppé
» d'assez bons murs crénelés et dont l'enceinte
» est grande » pouvait en cas de besoin servir
de retraite. Les troupes palatines qui venaient
de sortir du poste, avaient commencé à palissader le bourg ; le premier soin de Rupelmonde
fut d'achever cet ouvrage de défense.

Le danger pour le poste ne pouvait venir
que de la garnison d'Ingolstadt. Il y avait
là, au dire des gens sûrs du pays, 3,000 hom-
« mes, parmi lesquels on dit qu'il y
» a bien 1,000 malades ; il s'y trouve 300
» chevaux la plupart housards. » Pour arriver
à Vohbourg, il leur faut traverser un vieux
bras du Danube, « sur lequel il y a un pont de
» bois et plusieurs gués, mais la plupart assez
» mauvais à cause de la vase, » puis il y a encore
à passer la Paar qui vient se jeter dans le

Danube au petit village de Mœrching ; la Paar
se passe sur un pont de bois ou à gué. Rupelmonde a bien pensé à couper le chemin aux
pandours par des abattis d'arbres, le long du
bras du Danube, et en rompant les ponts de
bois. Mais quelques jours de gelée, et il n'y
aura pas besoin de pont pour traverser les
cours d'eau glacés. Les pandours, au reste,
rayonnent bien, par partis d'une centaine, dans
la banlieue d'Ingoldstadt, rançonnant les
fermes et emportant les fourrages[1], mais ils
ne s'aventurent jamais au delà de la Paar. La
crainte des désertions fait que le commandant
n'ose faire sortir ses fantassins et s'il leur arrivait de pousser un peu loin leur pointe, le général français a « dans plusieurs villages des gens
» sûrs qui viendront l'avertir, dès qu'ils parai-
» tront»; il leur préparera « embuscade au
» retour » et il est convenu de signaux avec
les postes voisins de Geisenfeld et Reichers-
hofen pour se porter mutuellement secours.

Avec toutes ces précautions, conclut Rupel-

---

1. Des habitants d'un village nommé Unterstim, au delà de
la Paar, sont venus hier me dire que depuis trois jours les
100 housards leur rendaient des visites journalières et leur
enlevaient ce qui leur reste de fourrages.

monde « à l'égard du poste que j'occupe, il
» y aurait bien des choses à faire pour le
» rendre bon, mais je crois que ce serait une
» dépense inutile et qu'il suffit de se mettre
» à couvert contre les insultes des housards
» qui sont les seuls dont nous puissions
» attendre des visites[1]. »

Des instructions, datées du 18 décembre,
lui donnaient dans tout le rayon de Vohbourg
les pouvoirs les plus étendus : «M. le comte
» de Rupelmonde, maréchal des camps et
» armées du roi, qui est établi à Vohbourg »,
portaient-elles, « commande dans toute cette
» partie et peut envoyer des ordres à toutes
» les troupes qui sont jusqu'à Rain. »

« Il veillera à la sûreté des quartiers, des
» troupes et se fera rendre compte des
» villages où l'on a mis les compagnies pour
» élargir le logement du soldat. Il les chan-
» gera s'il ne les croyait pas en sûreté, aura
» une grande attention pour que tous les
» postes fassent bien ce qu'ils doivent faire
» pour n'être point surpris ; fera un arrange-
» ment pour que tous les quartiers puissent

---

1. Dépôt général de la Guerre.

» être avertis les uns les autres par des
» signaux pour se secourir mutuellement les
» uns les autres plus promptement, aussi
» bien que pour couper les partis de la gar-
» nison d'Ingolstadt. »

Mais tel n'était pas encore tout l'objet de
la mission de Rupelmonde. Il était de plus
chargé de rétablir le pont qui reliait
à Vohbourg les deux rives du Danube et
devait permettre au détachement français de
communiquer avec le contingent Palatin,
campé sur la rive gauche du fleuve. Ségur se
montrait fort pressé que le travail fût fait :
« Je vous prie de me mander, écrivait-il le
» 23 décembre, quand vous croyez que votre
» pont sera fait. Dans la lettre que j'ai écrite
» ce soir à M. Seckendorff, je lui mande
» qu'on y travaille à force ; mais il faudrait
» que les Palatins passassent de l'autre côté
» du Danube, pour bonnes raisons... J'attends
» la réponse avec impatience[1]. »

Les housards d'Ingolstadt eurent vite fait
de percer les intentions de leur voisin et dès
lors il ne se passa pas de jour qu'ils ne vins-

---

1. A Neustatt. Dépôt général. Ministère de la Guerre,
vol. 3057.

sent se montrer sur la rive gauche et troubler les travailleurs par quelque décharge de mousqueterie : « C'est une promenade qu'ils » peuvent faire impunément, écrivait Rupelmonde, tant que les Palatins ne prendront » pas les quartiers qui leur étaient destinés, ou » que d'autres ne prendront pas leur place. »

Le jour de Noël, vers onze heures du matin, ils s'enhardirent et faisant escorte à quelques chariots remplis de Pandours, ils se glissèrent, par un chemin creux, derrière une briqueterie d'où cavaliers et fantassins se mirent à tirer sur le village et sur le pont. Aussitôt Rupelmonde poste des soldats à quelques fenêtres de la rive droite et derrière des madriers, qu'il avait fait planter debout, à l'entrée du pont faute de palissades. Leur feu protégea la retraite des travailleurs et du petit poste qui gardait les ouvrages à la tête du pont. Contents de cette panique, les housards n'essayèrent même pas d'entrer dans les ouvrages, où ils n'auraient, du reste, pu tenir et se retirèrent presque aussitôt. L'un d'eux avait eu la cuisse percée, les Français n'avaient subi aucune perte.

Le lendemain, Rupelmonde mena lui-

même une compagnie de grenadiers de
l'autre côté du Danube, les hommes se
mirent à réparer les ouvrages de défense du
pont, jetèrent bas la briqueterie. Une senti-
nelle placée au haut du château de Vohbourg
devait les avertir des mouvements de l'ennemi,
mais il n'y eut rien à signaler. Rupelmonde
put achever, sans être gêné, ses réparations.

L'année 1745 débutait tristement pour
cette poignée de français égarés en Bavière.
L'empereur, malade depuis longtemps, s'affai-
blissait à Munich. L'armée autrichienne
reprenait l'offensive dans le haut Palatinat.
Elle avait franchi à nouveau l'Isar et s'approchait des lignes de l'Altmühl. L'empereur
tenait essentiellement à défendre ces lignes
et tout un mouvement de troupes s'opéra à
cette fin dans les premiers jours de Janvier.
Ségur fit mettre en état, autant que possible,
les fortifications de Dietfurt et de Kelheim,
puis échelonna ses troupes le long de
l'Altmühl, depuis le Danube jusqu'à Neumarkt. Le prince des Deux-Ponts, à Freys-
tadt, et M. de Crussol[1], à Dietfurt, common-

---

1. **François-Pierre, marquis de Crussol, lieutenant général**

daient les points extrêmes de cette ligne de défense. Rupelmonde fut appelé à sa base, de Vohbourg à Kelheim, et Ségur établit son quartier général à Beilngries.

Mais l'espoir de garder ces positions fut de courte durée.

Tandis que le général de Thungent marchait rapidement sur Neumarkt, Bernklau se portait de Stadtamhof sur Hemau. Le 15 janvier, les deux places capitulaient avant que Ségur eut rien pu tenter pour les secourir. Le détachement d'Hemau obtint seulement de pouvoir rejoindre le quartier général.

C'était la ruine du plan de Ségur et il était obligé de découvrir toute la Franconie. Il repassa l'Altmühl, gagna Altmanstein et s'en vint passer le Danube au pont de Neustadt. Le 17, il établit son quartier général à Abensberg. Mais ce n'était là encore qu'un établissement provisoire. Le 20, l'Empereur mourait : ses recommandations à son fils, les instances de l'impératrice douairière, l'activité des influences autrichiennes à la cour de

des armées de S. M. gouverneur de l'île d'Oléron, mourut à Saint-Maixent le 8 avril 1761. Il appartenait à une branche cadette des ducs d'Uzès.

Munich, tout donnait à craindre la réconciliation de son successeur avec la reine de Hongrie. Par un nouveau mouvement de recul, Ségur reporta, le 24, son quartier général à Schrobenhausen. Cet ensemble de mouvements découvrait absolument Kelheim et maintenant Rupelmonde s'y trouvait dans un poste avancé.

La ville, « située à la droite du plus gros » bras de l'Altmühl », était entourée de fossés alimentés par la rivière et qui se déversaient, comme elle, dans le Danube. La rivière entourait la place aux deux tiers. Grossie par les pluies d'hiver, elle n'était plus guéable et, avec ses bords escarpés et hérissés de gros quartiers de roche, elle constituait la plus sûre défense de Rupelmonde. La place avait bien « des murs, des fausses brayes, des tours », d'où l'on pouvait faire feu sur les assaillants ; mais il n'y avait point de canon. De même, on eût pu l'entourer d'un chemin de ronde, et depuis quelque temps les ingénieurs y faisaient travailler; c'eût été l'ouvrage de 4 ou 5 jours, mais il fallait 4,000 pieux pour le palissader **et les marches et contre-marches de Ségur**

avaient si bien occupé jusque là les voituriers
que 50 à peine de ces planches étaient en
place. « Mais, écrivait Rupelmonde, comme
» ces excuses ne subsistent plus, j'ai envoyé
» hier des exécutions qui commencent à
» nous produire quelques choses. » Le commandant n'en était pas moins résolu à s'y
bien défendre : « J'espère, disait-il encore,
» qu'il faudra les ordres de M. le comte de
» Ségur ou du canon pour m'en faire sortir,
» quoique je n'y aie qu'un bataillon et pas
» une pièce d'artillerie [1]. »

Il n'y a, à cette assurance, ni hâblerie, ni
forfanterie. Rupelmonde sent la gravité de
sa position ; mais il a le sang-froid et l'énergie nécessaires pour faire fièrement face au
péril ; il est d'ailleurs soutenu par son chef,
d'Argenson continue à lui marquer de la
bienveillance et donne pleine approbation à
sa conduite. « Je me trouve bien flatté », lui
réplique le jeune officier général, « de ce que
» vous ayiez trouvé mes remarques dignes
» d'êtres lues à Sa Majesté. Il ne tiendra
» pas à moi que je ne continue à mériter

---

1. Kelheim, 16 janvier 1745. Dépôt général, ministère de la
guerre, vol. 3110.

» votre approbation dans la besogne dont je
» suis chargé présentement, qui est certaine-
» ment bien plus importante et qui peut être
» plus difficile [1]. »

Ses craintes, pour le moment, demeuraient
vaines. Contents d'avoir rouvert leurs com-
munications avec Ingolstadt, les Autrichiens
ne se montrèrent point devant Kelheim et
Rupelmonde eut tout le loisir de mettre en
état ses ouvrages de défense et de ravitailler
ses magasins de munitions [2].

Il reprit même l'offensive et enleva un
détachement autrichien campé dans le petit
village de Pointen. Une cinquantaine d'hommes
du régiment de Schulembourg et autant de
hussards hongrois vinrent prendre la place
de leurs camarades et crurent avec quelques
abattis se mettre à l'abri d'une surprise.
Mais la nuit du 2 au 3 mars, le chevalier de
La Marck, à la tête d'un détachement du
régiment de son nom, recommença l'expédition. Retardé dans sa marche par les
abattis, il n'arriva près de Pointen qu'à l'aube

---

1. Kelheim, 18 janvier 1745. Dépôt général, ministère de la
guerre, vol. 3110.

2. **Kelheim, 4 mars 1746. Dép. gén., min. de la guerre, v. 3111**

et les patrouilles de hussards donnèrent l'alarme avant qu'il n'y entrât. Déjà le lieutenant autrichien avec son détachement, était à l'entrée d'un bois à une demi-lieue, quand le capitaine de Nougarède l'aperçut : « Il s'abandonna après ce lieutenant qu'il » joignit dans le bois et qu'il attaqua le » sabre à la main, et, après avoir essuyé » quelques coups de fusil, il obligea le » lieutenant et sa troupe de se rendre » à discrétion. » Quant aux hussards, ils purent s'échapper et tout le succès de l'expédition fut pour Nougarède qui, quoique « très jeune homme » avait « fait merveille. »

Mais ces succès, très honorables pour celui qui les remportait, ne pouvaient influer sur le résultat final de la guerre. D'Argenson avait beau en rendre « compte au roi », assurer que « Sa Majesté a fort louée l'intel- » ligence avec laquelle vous avez concerté » cette expédition, et la diligence que M. de » la Marck a portée dans l'exécution. Elle a » aussi fait attention à l'action de M. de Nou- » garède [1]. » Tout cela n'empêchait pas la

---

1. D'Argenson à Rupelmonde. Versailles, 17 mars 1745. Ministère de la guerre. Dépôt général, vol. 3111.

position, de cette poignée de Français aventurés en Bavière, d'être des plus critiques.

Pendant les mois de février et de mars, les négociations, que Vienne poursuivait avec le nouvel électeur, Maximilien, avaient arrêté le mouvement en avant des troupes autrichiennes. Mais dans la seconde partie de mars, la Reine de Hongrie, impatientée des difficultés que Maximilien élevait contre ses propositions, donna l'ordre à ses généraux de reprendre la campagne avec vigueur. Kelheim était dès lors des plus menacés. Heureusement le dégel qui se produisit à ce moment donna quelque répit à M. de Rupelmonde. Dans ce pays tout sillonné de rivières que la fonte des neiges transformait en dangereux torrents, les marches militaires devenaient difficiles. Les ponts étaient rompus par les Français ou emportés par les eaux ; il n'y avait plus moyen de franchir les rivières que sur «des bacs ou des nacelles.» Sur le Danube même, l'ennemi ne pouvait songer à se servir des bateaux qu'il avait, car « *batteaux* grands et moyens qui navi-» guent sur le Danube ne sont gouvernés » qu'avec une perche qui ne trouve point le

» fond quand les eaux sont aussi hautes [1]. »
Kelheim, isolé au milieu de ces eaux furieuses
toutes chargées de glaçons, était donc bien
à l'abri d'un coup de main. Mais les Français risquaient de s'y voir enfermés si le
pont de bois qui les reliait à l'autre rive du
Danube venait à se rompre. Or c'est ce qui
arriva le 17 mars, à six heures du soir.
Heureusement le commandant, qui redou-
tait l'éventualité depuis plusieurs jours,
avait pris ses mesures. Il venait de faire
rentrer dans la place les détachements
d'infanterie qui tenaient la campagne. Il
avait mis ses bateaux « à couvert des glaces. »
L'ingénieur en chef, M. de Riancourt, était
venu de Schrobenhausen, le 15, pour examiner les dispositions à prendre en cas de
rupture du pont et d'attaque de l'ennemi :
« Vous me trouverez, mon cher comte »,
écrivait Ségur, « fort occupé de la rupture
» de votre pont puisque je vous en ai
» écrit ce matin par une estafette et que je
» vous envoie M. de Riancourt avec un mé-
» moire où j'ai mis mes réflexions que vous

1. Rupelmonde à d'Argenson. Kelheim, 25 mars 1745.
Ministère de la guerre. Dépôt général, vol. 3111.

» examinerez et auxquels vous répondrez . »

Le 20, après être allé solliciter à Munich
quelques secours d'artillerie, Riancourt
reparaissait à Kelheim pour fixer définitivement l'emplacement de batteries sur lesquelles Rupelmonde comptait énormément en
cas d'attaque. La cour électorale lui avait
accordé « deux pièces de canon de 16, outre
» les deux petites qu'on a déjà fait conduire
» à Abensberg. » Chaque pièce n'avait que
quarante coups à tirer : « ce n'est pas beau-
» coup, ajoutait-il, mais comme on dit qu'il
est impossible de donner davantage, il faut
bien s'en contenter. » Il avait, en outre, dans
Kelheim, quatre pièces de canon pouvant
tirer « cent coups chaque » et « environ
» 70 coups par homme. » Il n'exagérait donc
pas en écrivant : « Vous voyez qu'à tous
» égards, je suis un peu court de munitions.
» M. Ségur en est instruit et comme je crois
» qu'il n'est pas à même d'y remédier, c'est
» l'article qui lui fait le plus de peine[2]. »

---

1. Ségur à Rupelmonde. Schrobenhausen, 14 mars 1745.
Dépôt général de la guerre, vol. 3108.

2. Rupelmonde à d'Argenson. Kelheim, 21 novembre 1745.
Dépôt général de la guerre. Vol. 3108.

Malgré les grosses eaux, les coureurs autrichiens se montraient. Le 20, deux cents
hussards ou dragons viennent « se promener
» sur les hauteurs qui couronnent l'autre
» rive de l'Altmülh. » Ils sont commandés par
» le Prince de Bade-Dourlach et s'enhardis-
» sent jusqu'à entrer dans le faubourg qui
» est de l'autre côté de l'Altmühl. Tout cela
» a produit une tiraillerie qui a duré envi-
» ron trois heures. » Elle a fait plus de bruit que
de mal. Les housards ont remporté un ou
deux morts et une dizaine de blessés. Du
côté des Français cela s'est réduit à un soldat « blessé à la main et mon marmiton au
» menton ; car, dit le commandant, mes
» gens de cuisine sont extrèmement guer-
» riers. »

Peut-être la valeur de ces soldats en toquet
et veste blancs effrayait-elle les dragons de
Bernklau ; « Ils disent toujours à l'ordinaire
» qu'ils veulent m'attaquer, mais je n'aper-
» çois rien qui me le prouve. » Pour attaquer
Kelheim avec chance de succès, il fallait de
la grosse artillerie : « or ils ont rassemblé 8

1. *Ibid.*

» à 10 pièces de campagne tant à Hemau
» qu'à Beyrlingen ; mais je n'entends point
» encore parler dans mon voisinage de gros
» canons et tant qu'il n'en viendra point, je ne
» vois pas que je doive beaucoup me mettre
» en peine de leurs menaces. Ce qu'il y a de
» plaisant, c'est que leurs patrouilles ont
» toujours ordre de demander si nous ne
» sommes pas partis, et les villages voisins,
» un ordre que j'ai vu de les avertir, quand
» cela arrivera, pour qu'ils viennent ici[1].»

Quelqu'envie qu'ils eussent de prendre la
place de Rupelmonde, la situation semblait
s'éterniser et les Français eussent eu probablement le temps de rétablir sur le Danube
le pont auquel ils travaillaient avec ardeur
pour assurer leur retraite, si Batthiany n'était
entré en campagne. Le 21, son armée paraissait en Bavière. Quelques démonstrations
vers Vilshofen effrayaient à ce point les détachements impériaux cantonnés aux environs
que cela déterminait « les Hessois à aban-
» donner leurs postes le long du Danube
» vis-à-vis de Weiss si promptement que

---

1. *Ibid.*

» M. d'Isembourg qui y commandait n'a pu
» me donner avis qu'après son départ, ce qui
» a fait que quelques endroits sont restés
» 24 heures sans garde[1]. »

Le 29, le corps de Batthiany se rabattait
sur Vilshofen, emportait la place et faisait
prisonnière de guerre la garnison composée
de 3,000 Bavarois et Hessois. Ce brillant
début acheva de démoraliser les Allemands.
Tout ce qui gardait le cours du Danube et
de l'Isar se retira précipitamment sous
Landshutt pour donner la main à Ségur. En
quelques jours Landau et Dingolfing sur
l'Isar, Straubing sur le Danube, ouvrirent
leurs portes aux Autrichiens. Cette dernière
capitulation découvrait Kelheim et dès que
Ségur en eut appris la nouvelle par « un commis des vivres en poste » il envoya, le 3 avril,
ordre à Rupelmonde d'abandonner la place
et de venir le rejoindre. L'évacuation se fit le
lendemain 4 et en bon ordre. Pour couvrir sa
marche, le Comte fit garder les chemins d'Ab-
bach à Ratisbonne et de Schraubing à Abens-
perg par 200 fantassins et un gros de cavalerie

---

1. Rupelmonde à d'Argenson, 25 mars 1745.

de 270 hommes du régiment d'Holstein et
de 40 housards. La nuit avait été employée à
couvrir ces routes d'arbres abattus. Le matin
on rompit le pont sur l'Altmühl, tous les
bateaux non employés aux transports furent
coulés. Les canons et les munitions furent
évacués en tête de la colonne. « Faites l'impossible, » avait écrit Ségur, « pour amener
» vos quatre pièces de canon. Si nous pou-
» vons marcher aux ennemis, nous le ferons,
» mais comme ils peuvent venir sur nous fort
» promptement, il faut nous rassembler de
« même. Vous sentez bien que 6 pièces de
» canon dans cette occasion pourraient nous
» être d'une grande importance [1]. »

Le magasin de Kelheim renfermait 80,000
rations de farine. Faute de moyens de transports, on n'eût pu évacuer qu'une mince
partie. Le reste fut jeté dans l'Altmühl. Avec
les canons et les munitions de guerre, Rupelmonde fit partir en avant l'hôpital militaire.
A midi, s'apercevant que « les housards et
» dragons avaient commencé à l'observer »
et que dès lors « le mystère serait inutile »,

---

1. Ségur à Rupelmonde, Geysenfeld. 3 avril 1745. Dépôt général de la guerre, vol. 3108.

il fit battre la générale et dans l'après-midi les troupes passèrent en bon ordre sur l'autre rive du Danube ; les bateaux de transport furent rompus, de sorte que, disait-il, « je n'ai laissé » aux ennemis que la ville que j'abandonnais. »

Sa fière contenance leur en imposa et il continua son mouvement sans être inquiété en ralliant les postes échelonnés le long du chemin jusque Keysenfeld, où il se réunit à Ségur.

La situation des Français ne s'en trouvait cependant pas améliorée : « Depuis trois jours, » conjointement avec M. de Becklingue, » écrivait M. de Rupelmonde le 9 avril, « j'ai visité » le marais qui nous sépare d'Ingolstadt et » la Paar jusqu'à Wœichershoffen, par ordre » de M. de Ségur. Il vous rendra compte des » dispositions qu'il fait en conséquence du » compte que nous lui en avons rendu. Ce » n'est pas cette partie qui l'inquiète, mais l'en- » nemi pourrait nous tourner de plus d'une » façon si ses forces lui permettent de l'en- » treprendre et que nos alliés ne mettent pas » à temps une opposition suffisante [1]. »

De Munich, le conseil de guerre expédia à

1. Ministère de la guerre. Dépôt général, vol. 3111. Cette lettre est la dernière de Rupelmonde à d'Argenson.

Ségur l'ordre de joindre l'armée bavaroise.
Dès qu'il eut communication de ses instructions, Ségur convoqua Rupelmonde, le colonel du régiment d'Alsace, M. d'Ettlingen
« très bon officier et en qui on peut avoir con-
» fiance » et son état-major. Tous furent de
son avis « de lever tous les quartiers qui
» tenaient Ingolstadt masqué, pour mar-
» cher plus en force et nous joindre à l'armée
» bavaroise.» Aussitôt le général se mit en
route avec quatre bataillons et 200 chevaux
pour aller retrouver à Pfaffenhoven M. de
Crussol. Rupelmonde retourna à Hohenwars
et passa la journée du 12 à rallier les petits
détachements éparpillés dans les villages
environnants. Au soir il alla coucher à Schrobenhausen et repartit le lendemain pour Pfaffenhoven. Avis fut donné aux Bavarois de ce
mouvement en avant en les invitant à s'y
joindre.

La nuit du 14 au 15, tout le petit corps français se trouvait ainsi rassemblé dans les
murs de Pfaffenhoven, le soldat logé chez le
bourgeois parce qu'on n'avait « point de
tentes. Quelques piquets seulement et de la
cavalerie étaient restés à faire le guet. Ségur

ayant rallié son monde, comptait se mettre
en mouvement le lendemain au point du jour,
« mettre les équipages en chemin pour
» Aïchach » et commencer sa retraite sur le
Lech.

Ces marches en avant, puis en arrière le
long du Danube étonnaient l'armée ; l'hésitation de Ségur à ordonner la retraite, sa lenteur
à la commencer, mettaient en péril ce petit
corps français, si l'ennemi plusieurs fois supérieur en nombre venait à le joindre.

Un officier avec de longs services et quelque
expérience se fit l'écho de ces réflexions
auprès des deux maréchaux de camps, Rupelmonde et Crussol et leur remontra « le dan-
» ger dans lequel se trouverait l'armée au cas
» que l'ennemi vint sur elle, priant ces deux
» Messieurs d'en faire leurs représentations au
» général en chef. Mais la juste répugnance que
» ces deux généraux avaient de faire une pareille
» représentation, dans un temps surtout aussi
» critique, était une marque certaine de leur
» valeur, puisque M. de Rupelmonde répon-
» dit généreusement qu'il sentait parfaitement
» le danger où était l'armée, mais qu'igno-
» rant les véritables raisons que pouvait

» avoir M. de Ségur à suspendre sa retraite,
» il ne lui convenait pas de faire une pareille
» représentation, d'autant plus que ni son âge
» ni l'expérience du métier ne la lui permet-
» tait pas, de peur qu'on ne lui imputât en
» mal. M. de Crussol, qui fit à peu près la
» même réponse, y joignit encore la raison
» que M. de Rupelmonde était son ancien,
» que c'était à lui à en parler le premier [1].

Le lendemain matin, Ségur se décida pourtant à commencer sa retraite; mais l'ennemi qu'on ne savait pas si proche, se présenta pour couper la route d'Aïchach. La bataille était inévitable. Les Autrichiens avaient la supériorité du nombre: vingt mille hommes contre six mille fantassins français ou palatins et douze cents chevaux. L'affaire cependant fut disputée et dura depuis neuf heures du matin jusqu'à la tombée de la nuit. Les Palatins firent une défense assez molle et s'échappèrent du côté de Hohenwart; mais les Français chargèrent avec une telle vigueur qu'un moment l'ennemi recula. Ségur en profita pour se jeter dans un petit bois avec

1. Relation de l'affaire de **Pfafferhoven** par M. d'Ettlingen. Dépôt général de la guerre.

ses provisions et la caisse militaire. De
là, l'avant-garde gagna les hauteurs qui
couronnent Pfaffenhoven : elle était sauvée.
Mais l'ennemi revenu de sa surprise, avait
tourné la gauche et revenait impétueuse-
ment sur l'arrière-garde, commandée par
Rupelmonde. Le combat reprend alors avec
ardeur. Des deux parts, on se fusille durant
une heure ; dans cette mousquetade une
balle atteint Rupelmonde à la hanche ;
il se sent blessé à mort: « Laissez-moi
mourir » crie-t-il à M. de Lansalut qui se
précipite pour le secourir ; « courez avertir
» M. de Ségur afin qu'il mette ordre à l'ar-
» rière-garde. » Il vécut encore « une demi-
heure ou une heure ». La défense coûtait cher :
un officier général et 2.500 hommes restaient
sur le carreau. Mais aussi, elle avait sauvé
le gros de l'armée. A la nuit tombante, l'arrière-garde où Crussol a remplacé Rupelmonde, rejoint M. de Ségur. Au passage de
la Paar, c'est l'aide de camp du Comte, ce
chevalier de Lansalut, dont il faisait tant de
cas et d'Ettlingen, lieutenant-colonel d'Alsace,
qu'il avait aussi fait connaître à M. de Ségur,
qui indiquent le gué par où l'armée s'échappe

et ainsi, durant cette marche qui en vingt-
quatre heures, porte les troupes françaises
de Pfaffenhoven sous les murs de Rain, c'est
encore, semble-t-il, l'âme de Rupelmonde
qui dirige et anime les combattants.

Durant ces dernières semaines, à étreindre
le danger qu'il voit en face et si proche, l'intelligence de Rupelmonde paraît s'être encore affinée. Ainsi en juge d'Argenson écrivant à son ami, à cette heure même où il
agonisait dans les défilés bavarois : « Je ne
» puis que vous renouveler les assurances de
» la satisfaction du Roi de l'attention que
» vous donnez à tout ce qui peut soutenir la
» position où vous êtes, et je suis bien per-
» suadé que plus les situations seront diffi-
» ciles et plus Sa Majesté aura lieu de se
» louer de votre zèle[1]. »

Et de son côté, Ségur, qui a pu ces derniers mois apprécier de quel secours lui était
le maréchal de camp dans la position critique
où il est, Ségur, dis-je, écrit : « Je ne puis
» vous dire combien nous avons perdu, mais
» la perte est grande et je suis au désespoir

---

1. Versailles, 15 avril 1745. Ministère de la guerre. Dépôt
général, vol. 3078.

» de M. de Rupelmonde tué au dernier
» combat[1]. »

A Luynes de nous dire ce qu'on en pense
à la cour : « M. de Rupelmonde y a été (à
» Pfaffenhoven) blessé à mort d'un coup de
» fusil, et est mort une demi-heure ou une
» heure après, ayant fait tout ce que l'on
» pouvait attendre d'un aussi bon officier...
» Il avait la vue extraordinairement basse ;
» cependant c'était un très bon officier, aimé,
» estimé, et qui servait avec beaucoup d'ap-
» plication, et qui avait de l'esprit... Il y avait
» trois ans qu'il servait en Allemagne sans
» être revenu ici. »

C'est enfin le tour de Voltaire de payer
son tribut à la vieille amitié qu'il conserve
fidèlement à la mère et au fils : « On ne peut
» trop déplorer, écrit-il, la mort de ce jeune
» homme qui joignait à tous les talents mili-
» taires l'esprit d'un philosophe et des agré·
» ments qui rendaient sa société infiniment
» chère à tous ses amis. C'était le seul reje-
» ton d'une maison très distinguée en Flan-
» dre, et il faisait l'espérance et la conso-

---

1. Les guerres sous Louis XV, par le général Pajol.

» lation d'une mère qui, ayant été très
» longtemps les délices de la cour de France,
» ne tenait plus au monde que par ce fils
» qu'elle aimait tendrement[1]. »

Ainsi, comme ses pères depuis quatre gé-
nérations, mourait en pleine fleur de l'âge le
dernier des Rupelmonde. On voit comment
tous estimaient la perte que faisait Louis XV
avec ce Belge devenu Français.

A la valeur personnelle, qualité commune à toute la noblesse d'alors, Yves de
Rupelmonde joignait, selon le mot de Luynes, une grande application à son service, et
ce goût du métier devenait rare à son époque.
Mais surtout il tenait de sa race ces qualités
qui firent si souvent défaut aux commandants
d'armées françaises pendant la seconde moitié du xviiie siècle : le sang-froid, la prévoyance, l'activité, l'attachement à ses soldats. De son intelligence et de ses beaux
talents, il n'eut l'occasion de montrer qu'une
partie; mais ce qu'ils en purent apercevoir,
nous venons de dire comment le jugèrent
ses contemporains. Sa vue basse, assuré-

---

1. *Histoire de la guerre de mil sept cent quarante et un.*
Amsterdam, 1755, t. I.

ment, était un grave inconvénient pour le commandement. Mais nous qui venons de le suivre trois ans dans les camps, nous pouvons conclure de ce qu'il nous a montré, que le coup de fusil de Pfaffenhoven a été à tout prendre un malheur pour les armées françaises et les a privées, sinon d'un Turenne, du moins d'un général homme de cœur et de devoir.

N'eût-il eu, du reste, que cette supériorité sur les Richelieu et les Soubise, c'en est une pour Rupelmonde d'avoir, en un siècle où les grades et les commandements d'armées se distribuaient dans le boudoir de la maîtresse royale, d'avoir, dis-je, cherché uniquement son avancement dans l'accomplissement des devoirs militaires. Il a vécu à l'armée, passant sous la tente ou dans des postes ingrats et obscurs, souvent même périlleux, les hivers que les officiers de faveur étaient si impatients de retourner consacrer à Versailles à leurs amours et à leurs intrigues. Sa correspondance avec le ministre conserve, avec un certain ton de confiance, toute la noblesse et la dignité d'un honnête homme. Il n'y a ni bassesses, ni flagorne-

ries. Son style est aisé et certains traits dé-
cèlent même en lui l'homme d'esprit ; il
règne dans toutes ses lettres une certaine
liberté et un air d'indépendance qui sont encore des traits de sa race et montrent bien
qu'en dépit du sang des d'Alègre, de l'influence maternelle et des leçons de Sallier,
il était, à son insu sans doute, resté bien fon-
cièrement Flamand.

Et, pour terminer enfin, nous laisserons
encore parler Voltaire, qui, expliquant le
mouvement de Ségur à Pfaffenhoven, s'é-
crie, dans l'*Eloge funèbre* des officiers qui
sont morts dans la guerre de 1741 : « Dans
» cette manœuvre habile, nous perdons ce
» dernier rejeton de la maison de Rupel-
» monde, cet officier si instruit et si aimable,
» qui avait fait l'étude la plus approfondie de
» la guerre et qui réunissait l'intrépidité de
» l'âme, la solidité et les grâces de l'esprit à
» la douceur et à la facilité du commerce. »

CHAPITRE XII

LES DERNIÈRES ANNÉES DE COUR

L'année 1744 avait ouvert la série des années douloureuses pour les dames de Rupelmonde : « Le fils unique de Mme de Rupel- » monde, note Luynes à la date du vendredi- » saint, 3 avril, mourut hier à Versailles d'une » fluxion de poitrine, après trois jours de » maladie. » Le petit Louis n'avait que quatre ans. Par sa gentillesse et sa douceur, il charmait tout le monde. Sa piété était angélique et vraiment il répondait bien aux soins de sa mère « appliquée sans réserve, dit son » biographe, à l'accomplissement de ses de- » voirs de mère et d'épouse. » Un moment avant de mourir, l'enfant se tourna vers elle : « Maman, dit-il, ne pleurez pas, je vais au » ciel ; vous serez baptisée aujourd'hui et » vous y viendrez avec moi[1]. »

1. Chroniques de l'ordre des Carmélites, par l'abbé Didon.

La mort de cet enfant d'une grâce si précoce fit une si profonde impression dans le cercle de Marie Leczinska, que Luynes y revient deux fois. Et le minutieux annaliste n'a garde d'oublier que cette mort a empêché Mme de Rupelmonde de paraître à la Cène du jeudi-saint dans le cortège royal. Mais elle est à sa place à la grande procession de la Fête-Dieu. A cette occasion, le duc a remarqué que « presque toutes les dames titrées
» avaient des carreaux ; Mme de Villars n'en
» avait point fait porter par esprit de dévo-
» tion. » Autre circonstance « qui ne mérite
» — il a la bonté de le dire lui-même — pas
» grande attention, c'est que les dames titrées
» avaient leur robe portée par un de leurs
» gens, et que les dames non titrées... l'avaient
» seulement attachée. » Toutefois, la distinction n'est pas rigoureuse, et « Mme d'And-
« lau et Mme de Rupelmonde, par exemple,
» vaient la leur portée par leurs gens. »

Troyes, 1865. L'abbé met la mort du petit Louis de Rupelmonde au 9 septembre 1745. Or, Mme de Rupelmonde prit le voile un 9 septembre. Ce serait donc une allusion prophétique à son entrée en religion. Mais Luynes, témoin oculaire, ne peut être taxé d'erreur, et dès lors les paroles prêtées au petit Rupelmonde n'ont plus grand sens.

On sait combien fut agité pour la cour de France l'été de 1744 : la maladie du roi à Metz, le renvoi de Mme de Châteauroux, l'arrivée de la reine, les intrigues autour du convalescent et les angoisses, les espoirs, les déceptions par où passèrent les amis de Marie Leczinska.

Mme de Rupelmonde ne fut point comprise parmi les personnes qui devaient accompagner la reine dans ce voyage, bien qu'elle en eût fait la demande. Les berlines étaient pleines. La même réponse fut faite à Mmes d'Ancenis et de Flavacourt. Celle-ci était la sœur de la maîtresse renvoyée ; sa présence auprès de la reine ne paraissait guère convenable en ce moment ; toutefois, le soir, la souveraine fit dire à ces trois dames qu'elles pouvaient venir quand elles voudraient. Et elles partirent le lendemain. A Metz, quand, le roi rétabli, Marie lui ayant demandé de pouvoir le suivre à Strasbourg, elle en reçut cette dédaigneuse réponse que « cela ne valait pas » la peine », son premier mouvement de mauvaise humeur tomba sur l'innocente Flavacourt. Elle lui dit assez sèchement, en **rentrant chez elle, qu'elle ne pouvait la** prendre avec elle à Lunéville, où elle allait passer quelques jours auprès de son père. Mmes de Flavacourt, d'Ancenis et de Rupelmonde repartirent donc ensemble, comme elles étaient venues, le lendemain matin. Elles firent seulement un crochet pour passer par Nancy.

Des cinq sœurs Nesle, Mme de Flavacourt est la seule qui ne s'abandonna point à Louis XV. D'une éclatante beauté, elle inspirait les plus grandes craintes à Mme de Châteauroux ; elle était l'amie et la confidente de Marie Leczinska, et sa sœur prétendait savoir qu'elle lui avait avoué que si le roi la remarquait, elle lui céderait de crainte d'être obligée de retourner près de son mari. Pourtant, au dire de Soulavie, après la mort inopinée de la favorite au mois de novembre suivant, Richelieu, le grand fournisseur des amours royales, s'en vint un matin lui offrir la succession de sa sœur, et quand il eut énuméré tout ce que le roi lui promettait : « Voilà tout ! répondit la jeune femme. Eh » bien, je préfère l'estime de mes contem- » porains. » Son mot fut répété, et la gravure de son portrait par Nattier porte en exergue sa fière réponse. Elle cadre mal, il faut l'avouer, avec le triste propos que lui prêtait sa sœur.

Le retour à Versailles, assombri pour Marie Leczinska par la mort d'une fille, l'était encore pour son entourage par l'insolent triomphe de Mme de Châteauroux, rentrée en faveur. Une mort étrange et prompte leur parut bientôt le doigt de Dieu. Mais au milieu des rivalités et des basses intrigues qui s'ourdissaient pour la remplacer, Mme de Rupelmonde s'isolait de plus en plus dans ses regrets et ses pratiques religieuses.

Elle faisait régulièrement son service de dame du palais, et Luynes la cite parmi les dames qui portaient les offrandes à la Cène de la reine le jeudi-saint, 15 avril. Ainsi à l'heure même où son mari succombait devant l'ennemi, la pauvre femme jouait son rôle dans cette cérémonie qui devait être un grand acte d'humilité, mais dont les prétentions, les querelles et les rivalités des femmes de la cour dénaturaient étrangement le saint caractère. Du moins, peut-on être assuré que l'innocente Rupelmonde y portait un esprit vraiment chrétien.

La nouvelle de la mort de son mari fut apportée le 23 avril à Versailles par un courrier de M. de Ségur et confirmée deux jours après par un officier dépêché de son armée. La douleur des deux femmes fut extrême ; celle de la mère, comme on pouvait s'y attendre, bruyante et pleine d'éclat. Elle rapporta au grand maréchal la clef de son appartement de Versailles, disant qu'elle n'y venait plus que pour son fils, qu'elle n'y avait désormais plus rien à faire. Et de fait, le coup de fusil de Pfaffenhoven, comme naguère celui de Brihuega, ruinait, et cette fois sans retour, les ambitieux projets si ardemment poursuivis.

Aussitôt la nouvelle de la mort connue, la comtesse de Toulouse[1] s'empressa de solliciter pour sa nièce les bontés du roi. « Mme la » comtesse de Toulouse mande à M. le comte » d'Argenson qu'elle a eu l'honneur de par- » ler au roi de Mme de Rupelmonde, et que » Sa Majesté a eu la bonté de lui dire qu'Elle

1. Sophie de Noailles, marquise douairière d'Antin, remariée le 22 février 1723 à Louis-Alexandre de Bourbon, légitimé de France, comte de Toulouse. Elle était sœur de la maréchale de Gramont, grand'mère de Mme de Rupelmonde, et la dix-huitième des 21 enfants du maréchal Anne-Jules de Noailles.

» donnerait à la jeune veuve, rien ne lui pa-
» raissant plus juste, mais Elle n'a point dit
» combien. S. A. S. espère que l'amitié de
» M. le comte d'Argenson l'engagera à por-
» ter S. M. à faire les choses au mieux [1]. »

Le 29, le ministre informe la jeune femme
que le roi lui accordait une pension de 6,000
livres, réductible à 4,000, le jour où elle joui-
rait des appointements de sa place de dame
du palais.

Mais la malheureuse n'était pas au bout de
ses chagrins. Le 9 mai, en chargeant à Fontenoy, son père, le duc de Gramont, tombait
tué à son tour. Ainsi, en l'espace de treize
mois, Chrétienne-Christine était frappée dans
toutes ses affections : comme mère, comme
épouse, comme fille. Il y avait là une accu-
mulation de douleurs si diverses qu'il est
bien naturel que ses pieux biographes y aient
vu les desseins de la Providence.

Si douloureusement frappée qu'elle soit, la
vie de cour a des exigences qui ne lui laissent guère le loisir de sécher ses larmes.
Quelques semaines après cette double perte,

1. Ministère de la guerre. Archives administratives. Dossier
1788.

18

nous la retrouvons à la suite de Marie
Leczinska, le 22 juillet de la même année,
lorsque meurt en couches la dauphine Marie-
Thérèse d'Espagne. Le dauphin aimait énormément sa femme, et cette mort survenue
quand on croyait l'accouchée en voie de réta-
blissement, jeta la consternation dans la famille royale. Louis XV et les siens partirent
pour Choisy avec une suite très réduite. La
reine ne mena avec elle que quelques dames,
entre autres Mmes de Nivernois, de Talleyrand
et de Rupelmonde, toutes trois de semaine,
et le roi décida qu'elles ne seraient point
« relevées dimanche par les dames de l'autre
» semaine, d'autant plus, écrit Luynes, qu'elle
» est composée de Mmes de Bouzols, de Fitz-
» James et de Boufflers. Les deux premières
» ne seraient pas agréables pour le roi, à
» cause de la disgrâce de M. de Soissons[1],
» et Mme de Boufflers est brouillée avec
» Mme de Pompadour. »

Nulles, du reste, en de pareilles circonstances ne convenaient mieux, auprès de Ma-

---

1. L'évêque de Soissons Fitz-James avait exigé le renvoi de
la favorite à Metz. Au retour de celle-ci, il était tombé en
pleine disgrâce.

rie Leczinska, que les comtesses de Talleyrand
et de Rupelmonde qui achevaient toutes deux
des deuils douloureux[1] et puisaient dans leurs
épreuves mêmes un redoublement de ferveur
et de foi.

Dès lors Mme de Rupelmonde reprend son
service auprès de la souveraine. Luynes note
sa présence à la Cène toutes les années sui-
vantes ; il la cite dans les déplacements de
Marie Leczinska. Ces voyages se faisaient
toujours avec une nombreuse suite de dames ;
ainsi pour aller de Versailles à Fontainebleau,
en octobre 1749, la Reine n'en a pas moins
de neuf, réparties dans trois carrosses, la
dame d'honneur, la duchesse de Luynes,
l'amie, la duchesse de Villars, la duchesse
d'Agénois, la princesse de Montauban, les
marquises de Bouzols, de Flavacourt, et de
Montoison, les comtesses de Talleyrand et

---

1. M. de Talleyrand avait été tué également à Fontenoy.
Il avait épousé en deuxièmes noces, le 3 août 1732, Marie-
Elisabeth Chamillard, fille de Michel, marquis de Cany et de
Marie-Françoise de Rochechouart remariée au prince de Chalais
et que nous avons vue dame du palais au mariage de la Reine.
La princesse de Chalais n'eut qu'une fille de son deuxième mariage : Marie-Françoise de Talleyrand, princesse de Chalais
et grande d'Espagne, qui épousa en 1744 le beau-fils de sa
sœur : Gabriel-Marie de Talleyrand.

de Rupelmonde, toutes dames du palais.
On relaie dans l'avenue de Petitbourg dont
les arbres sont déjà marqués pour l'abatage
et dans le fond, voué à la démolition, les
dames contemplent une dernière fois le fastueux château du duc d'Antin, celui où a
agonisé Mme de Montespan.

Il n'y a dans cette vie de cour que de petits
incidents auxquels le désœuvrement de ceux
qui la vivent fait seul de l'importance. Ainsi
à un voyage de Compiègne, Mme de Ressé
désire pour elle l'appartement désigné par
le roi pour Mme de Rupelmonde. Le dauphin
prend la chose à cœur, mande le grand maréchal des logis et, devant un cercle lui dit
qu'il veut le logement pour Mme de Tessé. —
Le Roi en a disposé, répond le maréchal. —
Le dauphin insiste en termes très vifs. Le
grand maréchal se retire sans réplique. Mais
le logement n'en resta pas moins à celle à
qui le Roi l'avait assigné [1].

Une autre fois, Mme de Rupelmonde a demandé un congé pour assister à la noce de
sa cousine germaine, Mlle de Ruffec, la petite

1. Journal de Luynes, septembre 1748.

fille de Saint-Simon. La reine l'a accordé, mais la noce étant retardée, Mme de Rupelmonde a écrit à sa compagne la duchesse de Fleury et celle-ci a parlé a la reine. Tout cela n'est point protocolaire. Les dames du palais « lorsqu'elles veulent s'absenter, s'a-
» dressent directement à la Reine pour en
» demander la permission, mais la Reine ne
» croit pas convenable qu'elles lui demandent
» de pareilles permissions pour d'autres que
» pour elles-même. L'usage est constant que
» toute commission pour la Reine passe par
» la dame d'honneur. » Et l'incident a tant ému le bon duc de Luynes qu'il y revient une seconde fois apportant à l'appui de sa thèse de nouveaux arguments.

Mme de Rupelmonde, elle, s'arrêtait peu à ces vétilles. Elle caressait des projets de vie religieuse et ne subissait plus la vie de cour que pour plaire aux siens et par obéissance à son directeur.

Elle habitait maintenant à l'hôtel de Gramont, auprès de sa mère. La marquise, sa belle-mère, partageait sa vie entre son hôtel de Paris et une maison de campagne à Bercy qu'elle avait acquise du duc de Penthièvre pour 80,000 livres et à laquelle elle avait fait des travaux considérables d'aménagement et d'embellissement.

La mort de M. de Rupelmonde avait modifié considérablement la position des deux femmes, de la jeune, surtout. Il n'avait point testé et sa grosse fortune faisait retour à ses héritiers naturels. C'était pour les biens de Flandre, un la Kéthulle, cousin germain de son père. Mais ces biens étaient hypothéqués pour le douaire de deux dames et si inespéré que fût l'héritage, cette grosse charge pesait à M. de la Kéthulle. Il eût bien voulu s'y soustraire et un procès s'engagea devant la grand'chambre du parlement de Paris. L'affaire était assez difficile à juger. Les biens étaient situés dans la coutume de Bruges et dans celle du pays de Waes. Or, la première seule permettait « d'avantager sa femme et » la plus grande partie des biens, dit Luynes, » se trouve dans l'autre coutume ». De plus, certaines formalités avaient été négligées lors de la constitution du douaire. Mais les juges considérèrent Mme de Rupelmonde, « comme » la plus ancienne et même la moins créan- » cière. » de la succession de son mari et lui

attribuèrent 12.000 livres de douaire et
3.000 livres pour son droit d'habitation. Mais
ils lui refusèrent le préciput de 12.000 livres
qui figurait à son contrat de mariage et
qu'elle réclamait. « Elle aurait été bien à
» plaindre, dit toujours Luynes, si elle avait
» perdu ce procès. » C'était en effet le plus
gros de ses revenus. Notons ici cette circonstance que la fortune de son mari était
absolument libre. Pareille situation était rare
alors pour les plus belles fortunes. Elle
prouve quelle femme entendue aux affaires
était la marquise de Rupelmonde et combien
avait été sage, sévère et prudente sa longue
administration.

Ce jugement ne satisfit point les héritiers
Rupelmonde. Il semble qu'ils aient voulu
en appeler. Le marquis de Licques, oncle
par alliance de l'un d'eux, écrivait à son neveu le 16 décembre 1749 : « J'ai prévenu
» non seulement Mgr le duc Charles, mais
» aussi le duc d'Aremberg et tout le monde
« ici qui mérite cette considération et cela
» en votre faveur de façon que nous aurons
» beau jeu contre toutes les Françaises et
» que au printemps il faudra faire prendre

» un vomitif pour les faire dégorger. » Les
Françaises qui délaissaient une succession en
si prospère état, méritaient pourtant quelque
considération. Peut-être la Kethulle se le dit-
il ; en tout cas un arrangement survint entre
eux ; la Kethulle se résigna à payer 13.055 florins 3 sols pour les douaires et 3 q. 24 fl.
16 s. pour le droit d'habitation et les dames
de Rupelmonde constituèrent par acte du
23 septembre 1750, le sieur Rangarnaud
pour donner quittance en leur nom.

En même temps, la marquise de Rupelmonde d'Alègre soutenait un long procès
pour la succession de son père. A la mort
du maréchal, la branche cadette de cette
maison était représentée par Joseph, titré
comte d'Alègre, exempt aux gardes du corps. Il
avait épousé, en 1737, Mlle de Sainte-Hermine
et les filles du maréchal s'intéressaient beaucoup à ce dernier représentant de leur nom.
Il mourut assez jeune et sa veuve entreprit
un procès contre les héritiers du maréchal
d'Alègre pour leur faire rendre tous les biens
provenant de l'auteur commun. Elle se tar-
guait d'un pacte de reversibilité entre Jacques et Bertrand d'Alègre, frères et auteurs

des deux branches, datant de 1461. Le pacte se trouva supposé et le samedi 15 août 1750, la chambre des requêtes du Parlement donna gain de cause aux défenderesses.

Les premières douleurs du deuil passées, Mme de Rupelmonde s'était remise, sinon à retourner à la cour, du moins à voir quelques amis. Elle allait souvent à Dampierre chez les Luynes. Son esprit toujours piquant et primesautier était goûté de ce petit cercle d'honnêtes gens qui n'en manquaient pas eux-mêmes, mais à qui on en refusait dans l'entourage du Roi parce que chez eux la charité adoucissait toujours ce que les remarques et les jugements eussent eu de trop cruel. Elle vivait beaucoup avec sa sœur de Maillebois, maintenant tout à fait séparée de son mari et revenue, elle aussi, à la dévotion.

Les deux sœurs, « la brune et la blonde », se suivirent de près dans le tombeau. Depuis longtemps la santé de celle-ci laissait à désirer. Elle avait de fréquents rhumes et plusieurs fois, elle parut à la mort. Dans l'hiver de 1752, elle eut une nouvelle crise ; elle cracha le sang, « un tubercule » même, dit-on, « ce qui lui était déjà arrivé ». Elle se remit pourtant et le 25 février, elle reparut encore à la cour pour faire devant le Roi et la reine les révérences d'usages après la mort d'un membre de la famille royale et Luynes la cite parmi les veuves qui à cette occasion n'avaient point revêtu la mante. Dès les premiers beaux jours, elle voulut, malgré toutes les représentations de ses amis, partir pour sa maison de Bercy. Par une belle journée de la fin de mai, elle se fit porter sur sa terrasse; elle prit froid, eut une rechute et mourut le 31 mai.

Voltaire dans son lointain Ferney, avait gardé un fidèle souvenir à sa compagne de voyage de 1722 : « Je suis très touché de la » mort de Mme de Rupelmonde, écrivait-il ; » je voudrais bien lui voler encore des » pilules ; elle en prenait trop et moi aussi ; » je la suivrai bientôt ; tout ceci n'est qu'un » songe. »

Je ne sais si Mme de Rupelmonde avait destiné quelque boîte de pilules à son vieil ami, mais en femme d'ordre, elle avait réglé par testament tout le sort de sa fortune. Dès la fin de 1751, elle avait fait donation de sa terre de Tourzel, érigée en marquisat, à sa nièce la marquise de Sourches, avec substitution à ses descendants. La seigneurie comprenait sept paroisses et rapportait 22.000 livres. Cette belle donation était grevée de certaines charges, tel que le douaire de sa bru montant à dix mille livres.

Son testament instituait Mlle de Guerchy, son arrière petite-nièce, sa légataire universelle. Le marquis de Guerchy, père de celle-ci et M. de Séchelles étaient exécuteurs testamentaires. La succession comprenait, d'après Luynes, le mobilier de la défunte, sa maison de Paris, évaluée deux cent mille livres, celle de Bercy, cent vingt actions de la compagnie des Indes, etc... Mais elle était chargée de legs nombreux ; ainsi léguait-elle sous certaine condition le quart de la terre de Montaigu, indivise entre elle et sa sœur, à cette dernière, l'autre quart à Mme de Guerchy. M. de Guerchy devait recueillir sa bibliothèque et il y avait encore pour 250.000 livres de legs particuliers. Parmi ceux-ci, citons encore un legs de 60.000 livres au fils de la comtesse d'Alègre. M. de Guerchy était chargé de l'administrer jusqu'à la majorité de l'enfant : « Ce legs, dit Luynes, est

» une preuve de la piété de Mme de Rupel-
» monde; elle en avait effectivement beau-
» coup ; elle a voulu prouver qu'elle n'avait
» aucune peine, ni aucun ressentiment contre
» Mme d'Alègre, malgré son acharnement pour
» lui enlever tout son bien. »

Outre ces héritiers Mme de Rupelmonde
en eut un tout à fait extraordinaire, la compagnie des chevau-légers de la Garde, à qui
elle avait vendu l'hôtel paternel de la rue
Saint-François, à Versailles. L'immeuble restait grevé en faveur de la venderesse d'une
rente de 2.000 livres qui s'éteignait avec
elle.

Mme de Maillebois mourut quatre ans après
sa sœur au château de Versailles, le 2 avril
1756. Elle aussi, à l'instigation de Séchelles[1],
avait voulu prendre des dispositions en faveur
du dernier d'Alègre ; mais elle avait remis
au lendemain de les signer ; elle mourut dans
la nuit et son testament se trouva sans nulle

---

1. Herault de Séchelles, grand-père du fameux révolution-
naire, avait épousé une demoiselle de Pressigny dont la
mère était d'Alègre de la branche cadette. Il avait été lieutenant de police, ses conseils d'homme de loi étaient très
recherchés de ses cousines et il employait toute son influence
auprès d'elles en faveur de son jeune cousin d'Alègre.

valeur. Le jeune d'Alègre lui-même mourut huit jours après, dernier de son nom.

Saint-Simon a traité durement Mmes de Rupelmonde et de Maillebois : « Rousse » comme une vache, a-t-il écrit de la première, » avec de l'esprit et de l'intrigue, mais avec » une effronterie sans pareille, elle se fourra » à la Cour où, avec les sobriquets de la » *blonde* et de *vaque à tout*, parce qu'elle » était de toutes foires et marchés, elle » s'initia dans beaucoup de choses, fort peu » contrainte par la vertu et jouant le plus » gros jeu du monde. Ancrée suffisamment, » à ce qui lui sembla,.... elle intrigua plus » que jamais et, à force d'audace et d'inso- » lence, de commodités et d'amourettes, par- » vint à être dame du palais de la Reine à » son mariage. »

Bien que plus d'un trait de Saint-Simon puisse paraître juste, je préfère à son portrait celui que Luynes a esquissé de Mme de Maillebois : « Elle ne manquait pas d'esprit, » mais elle avait une façon de parler qui ne » donnait pas autant d'opinion de son esprit » qu'il le méritait, à ceux qui la connais- » saient peu ; elle était bonne amie, capable

» d'attention, parlant beaucoup et ne disant
» jamais de mal de personne, souffrant même
» avec peine la médisance.... Elle aimait
» beaucoup le jeu et jouait très noblement;
» elle avait beaucoup gagné.... et gagnait
» encore assez souvent, et avait à ce que l'on
» croit beaucoup d'argent comptant. »

Le portrait ainsi dessiné convient, me
semble-t-il, également à l'autre sœur et si,
s'inspirant des souvenirs des deux ducs, on
voulait établir ce qu'elles devaient au sang
auvergnat de leur père et à l'ascendance
gasconne de leur mère, ne semble-t-il pas que
l'entente aux affaires, l'amour du jeu,
l'âpreté au gain, la poursuite des honneurs
soient-elles l'héritage des d'Alègre, l'esprit
primesautier, hâbleur, romanesque, cette
habitude de discourir à tort et à travers qui
donnait de leur esprit une idée moindre
qu'il ne le méritait, c'est bien assurément
leur part d'hérédité maternelle.

Cette vivacité d'esprit, cette mobilité d'impressions a fait de la mère et des filles des
femmes d'un commerce piquant, pleines d'entrain, fertiles en amusements. Mais aussi cette
effervescence gasconne, défaut de justesse

dans l'esprit et d'équilibre dans les impressions, qui a entraîné la mère à des aventures ridicules, est la source des fausses démarches et des malheurs de Mme de Barbezieux, comme des erreurs de conduite de ses cadettes.

Dans un temps qui se contraignait fort peu sur la vertu, selon le mot de Saint-Simon, Mmes de Maillebois et de Rupelmonde se sont laissées aller au courant. Si c'est une excuse, c'est la leur, celle du moins de la dernière. Mal défendue, sans mari, sans appui, entraînée par l'exubérance de sa jeunesse, nous la voyons au contact de la vertueuse Marie Leczinska, remonter la pente et finir ses jours dans les sentiments d'une réelle piété.

Jusque dans l'ambition héritée de son père, le défaut de mesure de son sang gascon fait sentir sa mauvaise influence. L'arrogance de son ton, son insistance, ses pratiques intrigantes indisposent contre elle et l'on peut se demander si elle n'a pas plus nui à la carrière de son fils, en intervenant à tout propos, que si elle l'eût laissé pousser sa fortune par son propre mérite.

Mais pour conclure, si Mme de Rupelmonde

a péché, que l'expiation a été dure pour elle. Dans cette après-midi de printemps où, pour la dernière fois son regard parcourait le lumineux horizon de Bercy et le décor heureux que formaient la jeune verdure des berceaux, les bosquets fleuris, les vives couleurs des corbeilles, songeait-elle combien l'automne lui avait mal tenu les promesses d'avril ? Etait-ce cette vieillesse isolée, péniblement disputée à la mort par l'abus des remèdes qu'elle rêvait, lorsqu'elle dessinait avec tant d'amour son jardin de Bercy ? Humblement et chrétiennement la tête blanchie se courbait sous l'épreuve. Ce pardon généreux qu'elle octroyait à celle qui avait voulu la dépouiller du peu qui lui restait, son argent, elle mérite qu'à son tour il descende sur elle et qu'oubliant pamphlets et chansonniers, l'image reste seule de la femme douloureusement frappée, terminant dans la miséricorde et la résignation une vie où l'ambition avait tenu tant de place.

CHAPITRE XIII

LE CARMEL

Mme de Rupelmonde-Gramont avait toujours été, nous l'avons vu, d'une remarquable piété. Après les trois coups qui l'avaient frappée à intervalles si rapprochés, sa piété s'était encore avivée et elle n'avait trouvé la force de supporter ces épreuves que dans un redoublement de ferveur. On la voit multiplier ses stations aux églises, visiter les pauvres et les prisonniers. Elle se met à apprendre par cœur le psautier, prévoyant le jour où sa vue déjà basse lui fera complètement défaut. Dès lors naît en elle, croît et se développe l'idée de se faire religieuse. Elle s'en ouvre à son directeur, un prêtre de Saint-Sulpice ; il l'en détourne, elle a une santé trop délicate. Alors elle y renonce ; elle reprend sans arrière-pensée sa vie du monde. C'est vers 1748. Mais au bout de quelques mois, le désir d'entrer en religion revient plus fort, plus impérieux ; son directeur de nouveau consulté ne crut plus devoir s'y opposer ; elle en parla aux siens ; tous l'aimaient, l'entouraient d'attentions et d'affection ; on la supplia de renoncer à ce projet ; on lui représenta sa mauvaise santé. Elle avait 25.000 livres de rente, pouvait en espérer quarante ; que de bien ne pouvait-elle faire dans cette situation. Mais ces représentations échouèrent contre une résolution maintenant bien formée.

Dans les premiers jours de juin 1751, elle manifesta à Mme d'Armagnac, sa grand'tante [1] le désir de se démettre de sa place de dame du Palais et la pria de demander qu'elle fût donnée à sa jeune belle-sœur, la comtesse de Gramont [2]. Cette grâce lui fut volontiers accordée. Il se trouvait ainsi qu'elle avait été dix ans près de la reine sans avoir touché d'appointements, puisque sa belle-mère se les était réservés. Le 25 juin, elle soupa encore avec la reine à Versailles dans l'appar-

1. Elle était sœur de Mme de Gramont, née Noailles, grand' mère de Chrétienne-Christine.

2. Marie-Louise Faoucq de Garnetot, mariée en 1748 à Antoine-Adrien, comte de Gramont d'Aster.

tement des Luynes ; le soir même elle partit pour Paris et se retira dans la maison des
Carmélites de la rue de Grenelle. Des lettres
écrites à sa mère, à sa belle-mère et à ses
plus proches leur apprirent, le samedi matin,
qu'elle avait exécuté sa résolution. Ses
parents accoururent aussitôt rue de Grenelle,
renouvelèrent leurs représentations ; elle leur
répondit « avec force et piété qu'elle mettait
» toute sa confiance en Dieu ; que si c'était sa
» volonté qu'elle accomplît son sacrifice, il lui
» en donnerait la force ; que si elle ne l'avait
» pas, elle retournerait dans le monde [1]. »

La durée du postulat est fixée à trois mois
chez les carmélites ; Mme de Gramont [2] obtint

1. Journal de Luynes.

2. La duchesse de Gramont survécut assez longtemps à son
mari, bien qu'elle fut atteinte d'une cruelle maladie qui la
faisait beaucoup souffrir. Elle mourut le 15 janvier 1756 des
suites d'un cancer, et fut enterrée aux Carmélites de la rue
de Grenelle à Paris, où s'était retirée sa fille, madame de
Rupelmonde. Elle avait joui pendant son veuvage, de 46.000
livres de rente, et du revenu de sa dot qui était d'un peu
plus de 300.000 livres. Elle était fille du maréchal duc de
Biron et de Mlle de Nogent, et après la mort de son mari, on
l'appelait à la Cour, la duchesse de Gramont-Biron, pour la
distinguer de sa belle-fille.

De leur mariage étaient né 3 enfants :

1° **Marie-Chrétienne-Christine de Gramont, née en avril**
1721 ;

de sa fille qu'elle prolongerait de trois semaines cette période d'attente. Un moment, l'état de sa santé fit croire aux siens qu'elle ne pourrait supporter les austérités du Carmel : « Vous ne devez assurément pas » douter, ma chère sœur, lui écrivait Marie » Leczinska, du plaisir que me font vos » lettres... la comtesse de Gramont m'a dit » que l'on craignait que vous n'eussiez mal » à la poitrine. Je l'ai même grondée de la » joie qu'elle en a, par l'espérance que cela » lui donne. Je ne pense pas de même; je » vous plaindrais de tout mon cœur si vous » étiez obligée de quitter Jérusalem pour » Babylone. Je prie Dieu de tout mon cœur » de vous donner la santé nécessaire; priez » pour la guérison de mon âme [1]. »

Chrétienne de Gramont se rétablit et ne dut pas reparaître dans Babylone. Les délais qu'elle avait consentis pour la vêture expiraient le 10 octobre. La Reine, grande amie des carmélites, désirait vivement assister à

2° Antoine-Antonine, né le 19 avril 1722 ;

3° Antoine-Adrien-Charles, né le 22 juillet 1726.

1. Lettre circulaire écrite à l'occasion de la mort de sœur Marie-Thaïs-Thérèse-Félicité de la Miséricorde. MDCCLXXXVII

la prise de voile d'une personne qui avait fait partie de sa maison, dont elle avait si bien apprécié la piété et dont elle approuvait hautement la résolution. Elle n'osa cependant parler « de ce désir » au Roi que quelques jours à l'avance. Le Roi y donna de suite son consentement; seulement il fallut avancer la cérémonie au 7 à cause du départ de la Cour pour Fontainebleau. Tout aussitôt, elle en avertit sa chère novice en répondant à quelques-unes de ses demandes.

« Je trouve plus court de vous répondre » par Mme de Villars [1], ma chère sœur; je » suis ravie de vous appeler comme cela, » c'est vous rappeler votre bonheur.

» Je serais bien fâchée que Mme la duchesse » de Gramont assistât à cette cérémonie. » Je comprends sa peine elle est bien » naturelle.

» A l'égard de faire entrer peu de monde, » j'y ferai de mon mieux, mais cela me

---

1. La duchesse de Villars n'avait eu qu'une fille, Aimable-Angélique, née en 1723, mariée en 1744 à Guy-Félix Pignatelli, comte d'Egmont, Grand d'Espagne. Elle devint veuve en 1753 et entra également au Carmel.

» paraît impossible. La dernière fois, on
» força les portes, malgré tout ce qu'on y
» put faire ; enfin j'y ferai ce que je pourrai.

» Il m'a été impossible de vous avertir
» plus tôt, ma chère sœur Thaïs, puisque
» vous voulez avoir ce nom, permettez-moi
» que j'y joigne celui de Félicité, qui est de
» moi indigne, au plaisir que je me fais de
» vous revoir. Je sens bien que la Reine est
» une importune créature pour une carmé-
» lite ; je vous assure que je la hais bien
» aussi ; je voudrais la laisser à la porte ;
» mais par malheur, nous sommes insépa-
» rables, je lui rends justice cependant elle
» pense pour vous, tout comme moi[1]. »

Comme l'écrit malicieusement Marie
Leczinska, « la Reine est une importune
créature » pour une fille de Sainte-Thérèse
qui désire que son sacrifice ne devienne pas
un spectacle curieux pour la cour et qui
voudrait ne l'accomplir qu'en présence de
quelques amies chères. Il était aisé à la
princesse de défendre à Mme de Gramont
d'assister à la cérémonie qui la séparait à

---

1. Lettre circulaire déjà citée.

jamais de son unique fille ; mais il ne dépendait point d'elle que la pompe mondaine n'envahît pas ce jour-là le Carmel.

Les voyages de Marie Leczinska à Paris étaient rares. Elle y était chaque fois reçue avec quelque solennité et, le 7 octobre 1751, la réception fut particulièrement brillante ; car les gazettes en ont toutes perpétué le souvenir.

La Reine partit de Versailles après son dîner, emmenant dans son carrosse le Dauphin, Mmes Henriette, Adelaïde, Victoire et Louise, tous pleins d'affection pour la novice. Trois carrosses contenaient les dames du Palais qui toutes doivent suivre dans ces voyages de représentation. Puis venaient le carrosse du Dauphin rempli de ses menins, la maison de Mesdames de France, etc. Tout ce cortège « à huit et à six chevaux » prit par la plaine de Grenelle, entra par l'avenue des Invalides « qui est une promenade et ne s'ouvre pour personne, et fit le tour des Invalides. A la porte M. de la Courneuve, gouverneur de la forteresse, salua Sa Majesté. A l'entrée de la rue de Grenelle, le duc de Gesvres « avec un grand cortège de carrosses à son ordinaire et le corps de ville en robes de cérémonies », l'attendaient pour lui souhaiter la bienvenue ; M. de Bernage, prévôt des marchands, la complimenta ; mais son éloquence qui se donna cours un quart d'heure parut bien longue au corps de ville qui restait nu-tête sous une pluie battante [1]. Puis des boîtes partirent et des coups de canon annoncèrent à Paris que la Reine était arrivée au couvent des Carmélites. Après s'être reposée un moment dans ce qu'on appelait l'appartement de la Reine, « composé de deux grandes pièces assez élevées et deux ou trois cabinets et ornées de portraits de la famille Royale » Marie Leczinska prit place dans le chœur. Outre la suite venue dans ses carrosses, quantité de personnes qui n'avaient pu y trouver place avaient été autorisées par elle à la joindre au couvent ; des parents, comme la duchesse de Gramont [2], sa belle-sœur, Mme de Rupelmonde-d'Alègre, des intimes comme le président Hénault, le duc d'Havré, etc., y

1. Journal de Barbier.

2. Beatrix de Choiseul-Stainville, deuxième femme du frère aîné de Mme de Rupelmonde.

entrèrent après la Reine, tant et si bien, dit
Luynes, « qu'à peine les religieuses purent-
elles avoir place dans le chœur ».

La cérémonie commença à 4 heures et
demie. M. de Fleury[1], évêque de Chartres,
premier aumônier de la Reine, officiait ; le
père de la Neuville fit l'homélie et on trouva
son sermon fort beau : « il fit un compliment
» à la Reine, fort court mais fort convena-
» ble ». Il avait été pourtant pris à l'improviste ; car c'était à M. Poulle, abbé de
Nogent et prédicateur ordinaire du Roi, que
Mme de Rupelmonde s'était d'abord adressée.
Mais M. Poulle étant tombé malade, il avait
fallu recourir à un autre prédicateur. L'abbé
qui avait déjà composé son discours et qui
malgré une voix trop faible et des gestes
trop maigres, avait une réputation, méritée
au dire de Luynes, ne voulut cependant pas
que ses peines fussent ignorées et fit imprimer ce sermon qu'il n'avait pu prononcer.
La censure en approuva la publication,
jugeant que « la lecture n'en sera pas moins

---

1. Pierre-Augustin Bernard Rosset de Fleury, évêque de
Chartres en 1746, premier aumônier de la Reine, était neveu
du Cardinal.

» agréable à ceux qui aiment l'éloquence
» qu'utile aux personnes qui cherchent prin-
» cipalement à s'édifier. »

« Madame [1], devait-il s'écrier, si dans ces
» jours d'obscurcissement il semble que le
» Très-Haut ait retiré sa main toute-puis-
» sante, ce n'est pas que toujours il n'opère
» les mêmes merveilles et que du secret
» inaccessible où il réside, il ne laisse échap-
» per des rayons de sa gloire ; ce ne sont
» pas les prodiges qui manquent, ce sont les
» yeux attentifs, c'est la foi. Il suscite en ce
» jour une femme forte qui, docile à suivre
» les inspirations de l'Esprit-Saint, sacrifie
» sa jeunesse et sa liberté ; qui renonce
» généreusement au monde dans le temps
» même que le monde la prévient de ses
» faveurs ; qui foule aux pieds les idoles de
» l'orgueil et de la cupidité ; qui s'ouvre un
» chemin inconnu du centre de la cour
» jusqu'à l'autel du sacrifice....... »

Son discours se partageait en deux points :
« Ma chère sœur, le sujet de votre joie est
» le sujet de notre douleur et de notre

---

1. La Reine.

» crainte ; par rapport à vous, Dieu couronne
» ses miséricordes passées lorsqu'il vous
» attire dans la solitude, *gloria ejus in te*
» *videbitur* ; par rapport à nous Dieu continue
» d'exercer un jugement de justice lorsqu'il
» vous éloigne du monde, *tenebræ aperient*
» *terram*. Ces deux réflexions feront le par-
» tage de ce discours. »

Il traçait plus loin le tableau de la vie de
Chrétienne à la cour : « En contemplant de
» près l'assemblage des rares vertus de la
» Reine, vous oubliiez presque que vous
» étiez à la cour ; vous retrouviez Jérusalem
» dans Babylone ; vous n'aviez qu'à suivre
» votre souveraine, les principaux devoirs du
» christianisme étaient remplis ; prières fré-
» quentes, entretiens édifiants, lectures pieu-
» ses, fréquentation des sacrements, assiduité
» au service divin et au ministère de la
» parole, assemblées de charité ; ces saintes
» occupations, si tristes, si désagréables
» pour tant d'autres et si douces pour vous,
» ouvraient et fermaient le cercle des jour-
» nées que vous passiez auprès de votre
» auguste maîtresse ; et dans les intervalles
» de liberté, lorsque, rendue à vous-même

» et loin de la cour, il vous était permis
» de vous livrer à l'ardeur de votre zèle,
» vous ajoutiez à ces mêmes exercices de
» piété plus de mortifications et plus de
» simplicité dans la parure, vous alliez aux
» prisons et aux hôpitaux effacer les im-
» pressions que la lumière éblouissante du
» monde aurait pu faire malgré vous sur
» votre esprit et sur vos sens ; et, ce qui
» était le plus cher à votre cœur, vous
» meniez une vie retirée et toute cachée en
» Jésus-Christ. »

La péroraison s'inspirait assez maladroite-
ment d'un mouvement de colère : « Dans
» cette foule de spectateurs qui vous envi-
» ronnent, ma chère sœur, la plupart blâment
» votre fermeté. Ils trouvent de l'excès,
» disons tout, et de la bizarrerie dans votre
» renoncement absolu ; ils ont la témérité de
» vouloir assujettir les conseils de la Sagesse
» Eternelle à leurs propres idées ; d'autres
» aussi aveugles vous plaignent ; ils regar-
» dent le plus beau jour de votre vie comme
» un jour de consternation et de deuil... Eh !
» que vous importent les censures, les re-
» grets, les applaudissements des hommes...

» Vous touchez enfin au moment souhaité
» avec tant d'ardeur, obtenu avec tant de
» peine, attendu avec tant d'impatience...
» Recevez des mains de la Reine ce voile
» sacré, symbole du voile que l'on plaçait au
» devant du sanctuaire ; de tous les dons que
» la magnificence royale peut prodiguer,
» c'est le seul qui touche votre âme ; il va
» fermer éternellement vos yeux à l'enchan-
» tement et aux prestiges du siècle. »

La Reine, en effet, couvrit elle-même du
voile la tête de sa dame du Palais. Celle-ci,
avec une humilité qui eût eu peut-être plus
de raison chez sa belle-mère, avait choisi
comme nom de religion celui de la pécheresse convertie par le moine Serapion ; nous
avons vu que la Reine lui en avait imposé
un second tiré de ses prénoms à elle et qui
devait exprimer la félicité d'une âme désormais toute à Dieu.

Après la cérémonie, Marie alla « au réfec-
» toire où la nappe de la novice était ornée
» de fleurs suivant l'usage », puis elle passa
dans son appartement « où on lui servit pour
» toute collation une grande boursoufflée »
pâtisserie du Carmel, fort en réputation,

nous dit Luynes. La reine en jugea-t-elle ainsi ?
Elle ne fit en tout cas qu'y toucher et la plupart
des dames trouvèrent le souper par trop céno-
bitique, et se plaignaient hautement, à leur
retour à Versailles, d'avoir fait si maigre chère.

La Reine avait donné des ordres pour que
les religieuses fussent abondamment pour-
vues de poisson ce jour-là. Elle s'entretint
avec quelques-unes d'entre elles, entre autres la sœur Pulchérie que la duchesse de
Berry avait eue en grande estime et qui avait
dit un jour à sa royale visiteuse: « Je vous
» crois une sainte quand je vous entends
» parler, mais je ne le crois plus quand j'en-
» tends parler de vous. » Cette fois c'est
Mme de Lauraguais, jeune et débordante de
santé, qui se recommanda à ses prières ; la
vieille religieuse leva son voile, regarda son
interlocutrice et répondit simplement : « Je
» le crois bien. »

A six heures, la Reine donna le signal du
départ ; une salve de boîtes, des coups de
canons annoncèrent aux Parisiens que la souveraine repartait pour Versailles [1].

1. L'abbé Didon donne la pièce suivante inspirée par la

Puis tout se tut. Sœur Thaïs-Félicité de la
Miséricorde commençait sa vie de religieuse.
A la vérité, elle était aux Carmélites à titre
de bienfaitrice. Cela ne la dispensait ni de
porter la bure, ni de marcher pieds-nus, ni
d'aucune des terribles austérités de la règle
de Sainte-Thérèse quant à l'habillement et aux
exercices. Elle pouvait seulement porter du
linge et faire gras comme l'exigeait sa santé.

Le temps du noviciat durait un an. Au
bout de cette dernière épreuve, sœur Thaïs
fut admise à recevoir le voile noir et à prononcer définitivement ses vœux. La cérémonie fut fixée au jour de Saint-Denis 1752.
Dès lors, elle était morte au monde et cette

cérémonie du 7 octobre qui vaut mieux par son intention que
par sa facture :

> C'est Madame de Rupelmonde
> Qui met en fête le Carmel ;
> Elle fait ses adieux au monde.
> Est-il un jour plus solennel ?
>
> Elle a parole du Chapitre
> D'être reçue au Saint habit
> Et c'est à ce jour, à ce titre,
> Que la maison se réjouit.
>
> En tout pays comme en tout âge
> Le Carmel est un très haut mont,
> Il va croître bien davantage
> Puisqu'on y voit une Gramont.

mort n'était pas une simple figure de rhéto-
rique. Le vœu solennel de pauvreté était alors
reconnu par la loi et emportait incapacité
civile de posséder.

On se demanda au Carmel si la nouvelle
religieuse pourrait dans ces conditions continuer à toucher la pension de 6.000 livres que
le Roi lui avait faite à la mort de M. de Rupelmonde. La question venait d'être tout
récemment tranchée dans un sens favorable.
La demoiselle Gauthier, ci-devant sociétaire
de la Comédie-Française, était allée des
planches au Carmel de Lyon. Elle jouissait
d'une pension de mille livres sur la caisse
de la Comédie. Ses anciens camarades avaient
excipé de son incapacité civile pour lui retran-
cher sa pension ; elle plaida et gagna le procès.

La Reine, au reste, s'entremit auprès du
Roi pour que la pension de son ex-dame du
Palais lui fût continuée au couvent ; elle y
réussit et sœur Thaïs de la Miséricorde put
en employer les quartiers à justifier, rue de
Grenelle, son titre de bienfaitrice : « Ma très
» révérende sœur Thaïs, disait la lettre cir-
» culaire écrite à l'ocasion de sa mort, a
» commencé dès son noviciat et n'a cessé

» jusqu'à sa mort de combler notre maison
» de bienfaits ; nous n'y pouvons faire un pas
» sans y rencontrer des marques de l'amour
» qu'elle lui portait. Tout ce que la pauvreté
» et la simplicité de notre état pouvaient nous
» permettre de commodité et d'agrément,
» tout ce qui pouvait contribuer à la satis-
» faction et à la consolation de personnes
» consacrées à la pénitence, et surtout au
» soulagement des infirmes, elle nous l'a
» procuré autant qu'elle a pu et nous lui de-
» vons presque tous les biens dont nous
» jouissons dans ce genre....; elle craignait
» vivement de devenir une charge pour une
» maison qui sentit toujours si vivement le
» bonheur de la posséder. C'est dans cette
» vue qu'avant sa profession, elle voulut ab-
» solument payer la dot d'un sujet pour
» dédommager, disait-elle, la communauté
» de son inutilité. »

« Le détail, dit plus loin la même lettre
» circulaire, le détail de ses bonnes œuvres
» et des biens immenses qu'elle a trouvé
» moyen de faire dans l'état de pauvreté où
» elle s'était réduite pour Jésus-Christ paraî-
» trait incroyable. Elle les a étendus non

» seulement sur les maisons pauvres de notre
» ordre, mais à tous les besoins qui ont pu
» venir à sa connaissance. »

De cette sollicitude toujours en éveil sur
les besoins du Carmel, l'histoire de la maison
de Trévoux nous fournit la preuve.

Cette maison, la dernière fondation du
Carmel en France, avait été établie en 1668
dans la petite capitale de la principauté de
Dombes. Mademoiselle de Montpensier qui
en était alors souveraine, n'avait pas été
étrangère à l'installation dans son minuscule
état d'un ordre fort à la mode et avec lequel
elle entretenait les meilleures relations. Malgré cette protection, dès le début, les res-
sources firent défaut à la nouvelle fondation
« une des plus faibles et des moins assurées
» quant à leur existence ». La maison souffrit
dès le début de ce manque d'équilibre dans
son budget ; dans la suite « des pertes suc-
» cessives, des réparations considérables, des
» maladies continues, nombre de sujets reçus
» gratuitement ou avec des dots insuffisantes »
acculèrent le Carmel à des emprunts succes-
sifs qui, en 1763, montaient à 34.000 livres.
Son revenu n'étant que de 4.000 francs, et les

dépenses montant à 7 ou 8.000 francs par an,
le couvent ne pouvait plus faire face à ses
engagements. Les créanciers s'apprêtaient à
réclamer la saisie et l'archevêque de Lyon
songeait à établir un collège épiscopal dans
les bâtiments du couvent.

Les religieuses, dans cette extrémité, se
confièrent à un religieux carme, M. de Glandève, depuis évêque *in partibus* de Cydon.
Il partit pour Paris, alla à la rue de Grenelle
et intéressa les religieuses au sort de leurs
sœurs de Trévoux. « En quittant le Carmel,
» écrivait-il quelques années plus tard à
» Mme de Rupelmonde, j'aime à me rappeler...
» cette tendre et cordiale charité... qui semble
» ne faire de toutes les filles de votre Sainte
» Mère qu'un cœur et qu'une âme... Vos
» sœurs de Trévoux en ont fait, en particu-
» lier, une heureuse expérience ; réduites
» par l'indigence aux plus dures extrémi-
» tés et prêtes à périr, vous leur avez tendu
» une main secourable et elles vous sont
» redevables, après Dieu, de l'existence. »
Il exposa à la Prieure, une Croy-Havré [1] et à

---

1. Pauline-Josephe de Croy-Havré, dernière fille de Jean-

la sœur Thaïs-Félicité leur triste situation.
« Votre bon cœur s'attendrit, poursuit-il, sur
» l'état de cet infortuné monastère ; vous ne
» pouviez voir sans être pénétrée de dou-
» leur, qu'il fût retranché du nombre de vos
» fondations en France, et vous auriez plu-
» tôt consenti à perdre un doigt de votre
» main qu'à le voir supprimé. Vous me con-
» jurâtes alors de me transporter à Trévoux
» pour prendre sur les lieux mêmes une
» connaissance plus exacte des choses et des
» moyens d'y remédier. » M. de Glandève
s'y rendit ; le monastère de Trévoux fut sauvé
et la sœur Thaïs ne l'oublia pas même dans
son testament, par lequel elle lui lègue une
rente de 150 livres sur l'Hôtel de Ville de
Paris, « faveur dont nous conserverons,
» écrivent les sœurs de Trévoux, un éternel
» souvenir. » Non moins durable était la
reconnaissance qu'elles promettaient à « l'évê-
» que de Cydon, pour les bontés paternelles
» de cet incomparable prélat qui sera à jamais
» regardé comme le conservateur de notre
» monastère. »

Baptiste-François de Croy, duc d'Havré et de N. Lanti. Elle était
religieuse sous le nom de Sœur Pauline de Jésus.

Pénitente d'un Sulpicien lorsqu'elle était encore dans le monde, sœur Thaïs avait conservé, avec le Séminaire des Missions étrangères, d'étroites relations. Son âme fervente s'intéressait à tous les travaux des missionnaires, aussi bien de « ceux qui s'exposent à » tant de dangers pour aller évangéliser ces » peuples malheureux assis à l'ombre de la » mort », — ce sont les expressions de la lettre circulaire, — que de « ceux qui, par un » même mouvement de Jésus-Christ, s'exilent » dans le fond des campagnes pour éclairer » tant d'âmes plongées dans l'ignorance. »

Un des premiers jours donc de l'année 1755, le Supérieur de la maison de Paris, M. de Lalanne vint au parloir des Carmélites et communiqua à sœur Thaïs-Félicité, le journal de deux missionnaires qui, envoyés au Tonkin, avaient sur le bateau appris de la bouche du capitaine, l'existence dans la petite île de Socotora des restes d'une chrétienté fondée par saint François-Xavier. L'île était gouvernée par un roitelet mahométan et les chrétiens vivaient au fond des montagnes, dans les parties les plus reculées de l'île. Ils avaient encore des églises où ils s'assemblaient pour prier, ils sonnaient même les cloches et avaient retenu quelques mots de portugais.

Les missionnaires leur prêtaient les plaintes les plus touchantes et du tour le plus académique : « Eh ! pourquoi nous a-t-on aban-
» donnés ? Est-ce parce {que notre île ne
» produit pas les richesses que cherche l'avi-
» dité des Européens ? N'y a-t-il donc plus
» personne en Europe comme le Grand Père
» qui passa ici du temps de nos ancêtres, qui
» ne cherchait que le salut des âmes et mé-
» prisait tous les biens de ce monde ? Som-
» mes-nous donc indociles et refusons-nous
» d'écouter les ministres ? Les missionnaires
» ont-ils donc peur de mourir de faim parmi
» nous ? Ah ! qu'il en vienne quelqu'un, nous
» partagerons avec lui notre nourriture et
» nous ferons en sorte qu'il ne manque de
» rien... » Les deux narrateurs terminaient leur récit en exprimant l'espoir qu'il touche-rait le cœur de « ceux qui se sentent de la
» vocation pour les œuvres abandonnées ». Sœur Thaïs avait sans doute cette vocation : es plaintes des pauvres insulaires de Soco-tora l'émurent ; elles lui revenaient à l'esprit

« surtout pendant ses oraisons et pendant
» ses actions de grâces ». Elle revit M. de
Lalanne, le supplia de leur envoyer des
missionnaires, s'offrant à supporter tous les
frais de la mission.

M. de Lalanne y consentit sans peine, mais
il fallait aussi le consentement de M. de Martilliat, procureur des missions à Rome : le
supérieur de Paris le lui demanda : « Nous
» n'avons pas cru devoir mettre obstacle à
» cette bonne œuvre, lui écrivait-il, attendu
» qu'elle ne peut en aucune manière préju-
» dicier aux anciennes missions. A l'égard du
» temporel la personne fournira tout ce qui
» est nécessaire, même la pension pour les
» besoins des missionnaires dans la maison
» jusqu'à leur départ [1]. »

Sœur Thaïs écrivit elle-même à M. de Martilliat pour obtenir son adhésion. Elle intéressa à sa cause le Dauphin qui pria M. de
Stainville, alors ambassadeur à Rome, d'ap-
puyer l'affaire auprès de la Propagande. Et
l'ami de Voltaire et des philosophes le fit
avec tant de bonne grâce et de succès qu'il

---

1. Histoire générale de la Société des Missions Etrangères,
par A. Launay, tome II.

s'attira toutes les bénédictions des bonnes
Carmélites. « Je ne connais pas M. de Stain-
» ville, écrivait à M. de Martilliat, la Prieure,
» Mère Pauline de Jésus, mais la conduite
» qu'il a tenue me le fait estimer et respecter. »
Dans cette même lettre, elle avait fait part au
Procureur du succès de ses démarches :
« Vous savez que sœur Thaïs a eu le bon-
» heur de trouver tout ce qu'il faut pour la
» tentative. J'ai suivi tout cela de près, et il
» y a une providence marquée qui me fait
» espérer une suite heureuse dans cette
» affaire qui est toute pour la gloire de
» Dieu. »

Les espérances des bonnes mères furent
malheureusement tout à fait déçues. Munis
des pouvoirs de la Propagande, les deux
missionnaires, MM. Dupuy et de Querville
« deux chers sujets comme il est rare d'en
» trouver, ayant tous deux de l'esprit, de la
» science, une foi vive et ferme, un courage
» à toute épreuve », s'étaient embarqués à
Marseille le 2 août 1755. Ils étaient munis
des meilleures recommandations du Ministre
de la Marine, Machault, pour le Gouverneur
de Pondichéry. Ils firent jusqu'à Alep route

avec l'évêque de Babylone qui retournait dans son diocèse ; mais là, il leur fallut faire un arrêt de trois mois avant d'entreprendre la traversée du désert d'Arabie. Ce ne fut qu'après deux ans d'aventures, au risque des plus graves dangers et sous l'habit et les dehors de deux médecins que nos missionnaires abordèrent enfin, le 13 janvier 1757, à Socotora. Mais arrivés là, la plus cruelle déception les attendait. Soit que les récits sur la foi desquels ils étaient partis fussent mensongers ou exagérés, soit que « ces chrétiens » réfugiés dans des lieux inaccessibles igno- » rassent la présence de leurs libérateurs », il leur fut impossible de découvrir ceux qu'ils venaient chercher et leurs démarches ayant attiré l'attention et, malgré leur déguisement, les soupçons du sultan mahométan de l'île, celui-ci les obligea à se rembarquer moins d'un mois après, le 10 février.

Ils se retirèrent à Pâle, puis de là à Pondichéry d'où ils repartirent le 29 février 1759 pour tenter une seconde fois de se mettre en communication avec les Chrétiens de Socotora. En passant à Bassorah, le Consul de France s'efforça vainement de les dissuader d'une

entreprise si hasardeuse et pour un résultat
si problématique. Assailli par une tempête, le
vaisseau qui les portait fut rejeté à la côte
d'Arabie « où, à peine débarqués, ils avaient
» été massacrés par les Arabes [1].»

Nous avons dit avec quel empressement le
Dauphin avait secondé la tentative apostolique
de la sœur Thaïs. Elle était, en effet, restée
dans les termes les plus affectueux avec la
famille royale ; peut-être même son entrée en
religion mettait-elle dans leurs relations plus
de simplicité et de confiance. On sait l'affection
que Marie Leczinska portait aux Carmélites,
ses visites fréquentes à celles de Compiègne ;
rien ne l'avait plus doucement édifiée que la
vocation de sa dame du Palais, et le sentiment
quasi maternel qu'elle éprouvait pour cette
jeune femme d'esprit et de situation un peu
éteints dans le brouhaha de la cour, se nuançait
maintenant d'une pieuse admiration et presque
d'un peu de respect : « Je ne puis vous dire,
» lui écrivait-elle, combien l'amitié d'une
» carmélite me fait plaisir, surtout d'une car-

---

1. Anquetil de Briancourt, chef du Comptoir de Surate.
Cité par M. Launay, dans l'Histoire générale des Missions
étrangères,

» mélite que j'aimais avant que Dieu l'eût
» appelée à ce saint état. Je me flatte que je
» ne suis jamais oubliée dans vos prières,
» mon âme en a bien besoin. Nous avons perdu
» la pauvre maréchale de Maillebois. Vous
» devez être instruite de cette nouvelle ; elle
» est morte dans de grands sentiments de
» piété ; elle était très bonne femme, et|m'était
» très attachée ; je la regrette. Recevez-en mon
» compliment. Que vous êtes heureuse, ma
» chère sœur, de tout ignorer ! Mais n'oubliez
» jamais ma chère sœur, que vous avez quel-
» qu'un dans le monde qui vous aime de tout
» son cœur. »

D'autres fois, c'étaient de bons conseils, de
salutaires exhortations que la Reine demandait
à la religieuse. « Soyez, ma chère sœur, plus
» exacte à m'écrire cette année ; vous me ferez
» un plaisir sensible, et prêchez-moi, j'aime
» beaucoup que l'on parle un peu à mon âme :
» comme vous me connaissez, vous le pouvez
» plus aisément qu'un autre, et la matière est
» ample. » Ou encore elle mêlait à ses demandes de prières, des félicitations sur le
bonheur d'être au couvent : « Je me flatte que
» jamais carmélite, pendant ma vie et après

» ma mort, n'oubliera mon âme devant Dieu.
» Vous qui me connaissez, ma chère sœur,
» vous savez le besoin que j'en ai. Que vous
» êtes heureuse d'être ou vous êtes, surtout
» dans le temps où nous sommes.» Mais elle
met en garde sa chère sœur contre le mal
que peut faire à sa santé une trop stricte
observation du régime des carmélites: « Je
» m'en vais vous gronder à présent: vous ne
» me dites pas un ¡mot de votre santé, vous
» savez que je m'y intéresse. Comme chacun a
» son tour, je voudrais à présent être Dame
» de votre palais comme vous l'avez été du
» mien...» Et encore : « Je vous souhaite une
» bonne santé, c'est tous les vœux que l'on
» peut faire pour une carmélite. On ne peut
» rien. Ayant renoncé à tout, elle possède
» tout.»

Avec les Enfants de France, les relations
de sœur Thaïs continuaient aussi. Le Dauphin
se rendait parfois au couvent de la rue de
Grenelle; ainsi fit-il le 3 juillet, en revenant
d'avoir posé la première pierre de l'église de
Panthemont. Il demandait à la grille sœur
Thaïs et sœur Pauline de Jésus. Mais ces augustes visites amenaient toujours quelque

trouble, lançaient quelque bouffée mondaine dans l'atmosphère si réglée des carmélites. Aussi Mme de Rupelmonde avait-elle prié la Reine et son fils, de les réduire le plus possible. C'est par correspondance qu'elle s'associait aux joies et aux douleurs de la famille royale. « Je vous remercie, lui écrivait le » Dauphin après la naissance du duc d'Aqui- » taine, son second fils, je vous remercie de » la part que vous prenez à l'heureux événe- » ment qui vient d'arriver, et mets le père, » la mère et tous les enfants nés et à naître » sous votre protection et sous celle de la » communauté. Adieu, madame je vous prie » d'être bien persuadée de tous mes senti- » ments, quoique peut-être un peu tendres[1].

Et après la mort de Mme Marie-Zéphyrine, sa fille aînée : « Je suis infiniment sensible à » la part que vous prenez à la perte que je » viens de faire, c'est une affliction bien vive » qu'il a plu à Dieu de m'envoyer. Priez-le, » je vous en prie, de m'apprendre à en faire » un bon usage. Remerciez de ma part » Mmes d'Havré et *Pulguérie*. Ne soyez pas en

---

1. Versailles, 13 septembre 1753.

» peine de ma santé ; elle est, je vous assure,
» aussi bonne que je l'aie jamais eue ¹. »

Il tenait à lui annoncer les événements mondains où ses affections lui faisaient encore
trouver de l'intérêt : « Ce que vous désiriez,
» Madame, est enfin fini et le Roi m'a mandé
» qu'il accordait au comte de Gramont la place
» de Menin que nous sollicitions depuis si
» longtemps. Vous savez que je le désirais
» autant que vous et que ce n'est pas ma
» faute s'il ne l'a pas été plus tôt. Malheu-
» reusement la satisfaction que j'en ressens
» est troublée par la perte que je viens de faire
» de M. de Saint-Hérem que je recommande
» aux prières de votre sainte maison.»

Les relations de sœur Thaïs étaient également bonnes avec les autres Enfants de France.
Dès son entrée au noviciat, Mme Henriette lui
avait écrit : « Si je pouvais être fâchée de votre
» bonheur, je le serais, Madame, de ne plus
» vous voir, vous ayant toujours aimée depuis
» que je vous connais, et il y a longtemps ; mais
» comme le plus grand bonheur est de se donner
» à Dieu, surtout quand on y est aussi bien

---

1. Versailles, 9 septembre 1755.

» appelé que vous, sans vous importuner par
» mes regrets, qui cependant sont véritables,
» je me contente de me recommander à vos
» prières tous les jours ; j'espère que vous
» ne m'oublierez pas, m'étant toujours flattée
» que vous aviez de l'amitié pour moi. Je sou-
» haite que votre santé soit assez forte pour
» soutenir la règle, mais en même temps je
» vous prie de la ménager et d'être persuadée,
» etc.»

Mᵐᵉ Henriette était de toutes les filles de
Marie Leczinska celle qui sympathisait le plus
avec Mᵐᵉ de Rupelmonde : à peu près contem-
poraine, elle avait la même timidité dans le
monde, la même piété tendre, la même déli-
catesse de conscience, les mêmes scrupules.
Comme la dame d'honneur, la Princesse n'allait au spectacle qu'à contre-cœur ; comme
elle, sa santé était minée, mais elle cachait
soigneusement ses souffrances auxquelles elle
ne tarda pas à succomber (janvier 1752). La
sœur Thaïs s'empressa d'envoyer à la mère,
ses saintes condoléances: « Votre lettre est
» charmante, pleine de consolation, lui répondit
» la Reine ; je trouve ma pauvre fille bien heu-
» reuse, mais je suis bien malheureuse de

» l'avoir perdue ; cela prouve que nous n'avons
» pas la foi que nous croyons avoir.»

Mais il était une fille de France, sur qui la
cérémonie du 7 octobre 1751 avait fait une
ineffaçable impression : c'était Mme Louise.
Elle avait quinze ans, elle rentrait de Fonte-
vrault, toute heureuse de sa liberté ; la prise
d'habit de Mme de Rupelmonde décida de sa
vocation : « Je n'oublierai jamais ce que je
» dois à ma sœur Thaïs, » écrivait-elle, après
sa mort, à la maison de la rue de Grenelle,
« car sans son exemple je n'aurais jamais
» pensé à me consacrer à Dieu, j'étais même,
» quoiqu'encore fort jeune, dans le commen-
» cement de mon adolescence, portée à aimer
» le monde et ce fut la cérémonie de prise
» d'habit qui me frappa et si fort que ma
» vocation n'a jamais varié. Son entrée ne me
» fit rien, les discours du monde étouffaient
» le bon grain. Il fallut que je visse comme
» saint Thomas pour croire qu'il n'y avait pas
» d'autre bonheur pour moi que d'être con-
» sacrée à Dieu.»

La duchesse de Gramont n'ayant pu dé-
tourner sa fille du couvent était venue habiter
une petite maison tout près du Carmel ;

elle y allait toutes les fois qu'elle le pouvait, et s'édifiait aux discours de la fille dont
elle avait si bien pétri l'âme à son image.
Elle mourut, le 15 janvier 1756, d'un cancer,
après de cruelles souffrances ; elle avait
exprimé le désir d'être ensevelie dans la chapelle des carmélites. Il fut ainsi fait. Les
sœurs vinrent recevoir le corps à la porte de
la clôture. Sœur Thaïs voulut être parmi
elles « et assista à toute la cérémonie debout
» et sans verser une larme. Cette attitude
» impassible devant le corps d'une mère qui
» l'avait tant aimée » excita l'admiration de ses
compagnes et leur parut le savant effort » d'un
» cœur qui brûlait du désir de faire de grandes
» choses pour Dieu.»

La mort du comte de Gramont, en 1762,
rompit la dernière affection familiale de notre
sainte carmélite. C'est lui qui avait été menin
du Dauphin : « Voilà donc encore, Madame,
» le dernier sacrifice que vous aviez à faire,
» lui écrivait le Prince, et sûrement ce n'a
» pas été le moins difficile. Vous savez par
» combien de motifs, je partage votre douleur
» dont je connais la profonde amertume.»

Cette même apparence d'insensibilité et de

raideur elle la portait maintenant dans tous
ses rapports avec l'extérieur. Quand Mlle de
Soyecourt, celle qui devait après la Révolution restaurer le Carmel en France, postula
son admission rue de Grenelle, elle vint voir
la sœur Thaïs et lui dit qu'elle pensait être
sa parente. « Je crois, Madame, avoir cet
honneur, » répondit la carmélite; mais Mlle de
Soyecourt l'ayant prié de monter au parloir
pour l'entretenir, elle s'y refusa, témoignant
désirer faire ce sacrifice et attendre pour
voir sa cousine qu'elle fût entrée dans la
communauté. Et elle tint parole.»

Il n'y avait à cette attitude qu'extrême piété,
mais nul orgueil. Nulle religieuse plus sou-
mise aux décisions de l'Eglise. « Je vous chéris
» bien vivement, disait-elle à une de ses
» parentes soupçonnée de jansénisme, mais si
» vous étiez janséniste, je ne voudrais plus
» vous voir. »

Elle aimait à répéter cet aphorisme qu'elle
tenait de Marie Leczinska: « Où Dieu a parlé,
» examiner est un sacrilège, douter est une
» apostasie.» Elle ne s'égarait pas dans les dis-
cussions théologiques qui avaient tant troublé
Port-Royal cent ans auparavant. «Croyons ce

» que l'Eglise croit, disait-elle à ses sœurs,
» et disons notre chapelet. » Sœur Thaïs montrait dans cette réplique la science profonde
de ce que doit être la vie de la religieuse :
une vie de silence, de prière et de sacrifice.

Cette soumission à l'Eglise s'étendait aux
rapports de la sœur avec ses pontifes.

« C'était, dit son historiographe, avec un
» sentiment de foi qui se peignait sur sa
» figure et une humilité pleine de confiance,
» qu'elle recevait la bénédiction des supé-
» rieurs et visiteurs de la communauté. »

Cette même humilité l'avait porté, dès les
premiers temps de son admission au Carmel,
à rechercher les travaux bas et pénibles ;
elle s'attachait à observer strictement la
règle la plus rigoureuse. « Elle avait, dit
« encore la Lettre circulaire, des pieuses
» industries pour persuader que ses mortifi-
» cations étaient utiles à sa santé. Elle a
» vécu plusieurs années de suite uniquement
» de lait, plutôt parce que ce régime lui
» laissait la consolation de garder l'absti-
» nence de la règle, que pour le bien qu'elle
» en éprouvait, elle trouvait encore, avec
» cela, le moyen de jeûner, disant que c'était

» pour elle un régime nécessaire. » Première portière, elle endurait l'hiver « un froid excessif. »

Quoiqu'elle en eût, un pareil régime eut tôt raison d'une constitution déjà délicate. Elle fut accablée d'infirmités. Sa vue, déjà mauvaise, se perdit presque complètement. Elle dut, dès sa prise d'habit, solliciter une dispense de réciter l'office divin, que Benoît XIV lui accorda par un bref du 12 juin 1752. Elle n'en assistait pas moins à tout l'office, qu'elle se fit longtemps lire d'avance, suppléant au reste, par la méditation et la récitation de cantiques qu'elle avait appris par cœur en prévision de cette cécité ; elle avait même composé en vers un *exercice pendant la Sainte Messe :*

Je puis, Seigneur, par ce saint sacrifice
Payer tes dons, contenter ta justice.
Ce même Dieu qui, pour nous, une fois
S'est à ta gloire immolé sur la croix,
De ma rançon le prix inestimable,
Ce même Dieu, de ton sein adorable
Dans le moment va venir sur l'autel
Mourir encore, quoiqu'il soit immortel,
Perpétuer, toujours prêtre et victime,
L'oblation de son être sublime.

Tendre Jésus, mon époux et mon roi,
Prends donc mon cœur pour l'offrir avec toi

. . . .

. . . .

. . . .

. . . .

Victime sainte hâte donc ton offrande,
Que ton amour à mes désirs se rende ;
Attire-moi par ton divin parfum ;
Qu'avec ton cœur mon cœur n'en fasse qu'un.
Daigne m'ouvrir l'intime de ton âme.
Daigne Jésus me noyer en ta flamme.

. . . .

. . . .

Pour dignement assister à la messe,
Je veux brûler du zèle qui te presse,
Et que l'amour qui t'amène en ce lieu
Me sacrifie et m'immole à mon Dieu.

Tant que ses yeux le lui permirent, elle
s'occupa à des travaux d'aiguille ; quand sa
cécité devint à peu près complète, elle passa
ses journées à tricoter des filets pour couvrir les arbres fruitiers du jardin. « Mais
» même alors, dit son biographe, toujours
» attentive à n'être à charge à personne, elle
» se servait d'un petit bâton pour guider ses
» pas et marchait toujours seule. » Les ser-

vices qu'elle ne pouvait plus rendre à sa
chère maison par son travail, elle cherchait
à les lui procurer par le reste de son crédit.
C'est ainsi qu'elle obtint, par l'entremise du
duc de Penthièvre, l'association de la maison
de la rue de Grenelle à l'abbaye de la
Trappe. Elle sollicitait sans cesse la charité
de ses parents ; quelquefois « ses sœurs lui
faisaient la guerre » de ce quémandage per-
pétuel et lui disaient qu'elle se rendait
insupportable : « Je suis capable, répondait-
» elle agréablement, de faire des bassesses
» pour soulager les malheureux et les mem-
» bres souffrants de Jésus-Christ ; d'ailleurs
» je fais un plus grand bien à ceux à qui je
» demande qu'à ceux pour qui ils me donnent,
» car je leur fournis le moyen de racheter
» leurs péchés et d'acquérir le ciel. »

Ses infirmités finirent pourtant par avoir
raison de son énergie et il fallut bien, vers
1782, qu'elle acceptât les soins d'une de ses
compagnes, la sœur Victoire du Sacré-Cœur,
dans le monde Françoise-Victoire Crevail.
Mais toujours soucieuse de n'être point une
charge pour le couvent, elle voulut du moins
assurer, même après elle, la subsistance de

son infirmière et elle pria le maréchal de Ségur, l'ancien compagnon d'armes de son mari, devenu alors ministre de la guerre, d'obtenir du Roi, pour la sœur Victoire de Jésus, la réversibilité d'une pension de 500 livres, sur celle de 6.000 qu'elle touchait toujours du Trésor royal. Le Maréchal lui en expédia le brevet le 1er juillet 1783 : « Je vous annonce avec un vrai plaisir, lui » mandait-il, que Sa Majesté a bien voulu » lui assurer cette grâce dont elle ne jouira » que dans le cas où elle aurait le malheur » de vous perdre. »

« Vous continuez, Monsieur, lui répondit » la sœur Thaïs, à faire des prodiges en me » ressuscitant. J'ai déjà eu l'honneur de vous » mander que j'étais morte civilement depuis » trente-deux ans ; cette mort civile n'a pas » enterré le sentiment de ma reconnaissance » et je sens très vivement, Monsieur, votre » résurrection. Recevez l'assurance de la » plénitude de mon sentiment, puisque vous » me donnez de l'existence, permettez que » j'en profite en vous suppliant, Monsieur, si » la chose est possible, d'obtenir que la pen- » sion soit sans retenue. Si ma prière vous

» paraît déplacée, je l'anéantis à lueur (*sic*)
» de votre jugement.

» Je suis la sœur Thaïs de la Miséricorde,
» carmélite indigne, dans l'impossibilité
» d'écrire moi-même, étant presqu'aveugle...
» Des Carmélites, ce 6 juillet. »

Durant ces derniers mois, ses infirmités
allèrent redoublant, mais sa ferveur et sa
constance s'accroissaient en même temps.
Elle multipliait ses oraisons, elle dictait
d'édifiants mémoires sur la reine Marie
Leczinska, qui ont beaucoup servi à l'abbé
Proyart pour l'histoire de cette princesse.

Dans cet état de souffrance elle fut vivement affectée de la mort de la duchesse
d'Ancenis pour qui elle avait toujours
éprouvé une amitié particulière, formée dès
la cour dans la ferveur d'une commune
dévotion, resserrée pendant près d'un demi-
siècle par une mutuelle édification.

Peu après, en octobre 1784, son état de
misère devint tel que le médecin exigea son
transport à l'infirmerie. Mais elle, s'accusant
de « lâcheté et de trop de complaisance »,
obtint, après quelques jours, de reprendre la
vie commune et de reparaître au chœur. Le

vendredi 5 novembre, on s'aperçut qu'elle
ne pouvait plus se soutenir. Mais nulle
représentation ne put la dissuader d'assister aux grandes matines du samedi et aux
offices du dimanche ; en revenant de la chapelle, elle avoua qu'elle n'en pouvait plus.
Ses compagnes firent appeler le médecin
de la communauté, M. Thierry ; il lui fit
deux saignées, mais ne cacha pas que c'était
sans espoir ; aussi quand le lundi matin, la
malade demanda d'elle-même les sacrements,
trouva-t-il prudent de les lui faire recevoir.
Son confesseur, M. Duflos, de l'ordre des
Missions, les lui apporta lui-même. Elle
vécut encore deux jours, pleine de présence
d'esprit, s'enquérant de chacune, dictant des
lettres, toute occupée d'assurer après elle à
la chère maison, de puissantes protections.
Le mercredi 11 novembre, se sentant plus
mal, elle pria l'abbé Duflos de lui lire la
Passion selon Saint-Jean. Au moment où il
prononçait les mots « *tradidit spiritum*, elle
» expira remettant elle-même avec Jésus-
» Christ son âme à son Créateur. »

Ainsi mourut, à l'âge de soixante-trois ans,
aveugle et infirme sous la pauvre bure d'une

carmélite et le nom d'une fameuse pécheresse, la veuve du dernier Boulogne de Rupelmonde.

Ses obsèques furent célébrées par ses chers missionnaires du Saint-Esprit. Ses sœurs pleurèrent sa perte avec de vraies larmes. Elle si effacée dans le tourbillon du monde, avait été durant trente ans la providence, et surtout le modèle de cette maison du Carmel. On demandait l'une ou l'autre relique, mais elle n'avait rien conservé en propre, pas même un livre ou une gravure, ou ce bréviaire en gros caractères qu'elle avait fait imprimer pour son usage personnel avant sa cécité complète.

Quelque chose lui restait pourtant, c'était cette pension de 6,000 l. sur laquelle 500 l. étaient assurées à la sœur Victoire de Jésus. On s'empressa de la solliciter pour Mme de Gramont, celle qui avait déjà succédé à Mme de Rupelmonde dans la place de la Dame du Palais. C'est elle que sœur Thaïs avait prié de payer ses dettes formant une charge annuelle de trois mille livres. La pension lui fut accordée.

Suivant l'usage, les sœurs de la rue de

Grenelle écrivirent à toutes les maisons de
leur ordre, une lettre-circulaire pour annoncer la mort de sœur Thaïs et demander des
prières pour son âme. « Mais la précipitation
» avec laquelle on fut obligé de le faire, et
» encore plus la vive et profonde douleur
» dont cet événement avait pénétré toutes
» les religieuses de la maison de Grenelle
» forcèrent alors d'omettre bien des détails
» quoique vraiment intéressants. C'est ce
» qui a engagé des personnes d'une rare
» piété, et quelques-unes du rang le plus
» distingué, à demander qu'on fît une
» nouvelle édition de cette lettre-circulaire,
» dans laquelle, en conservant tout le fond
» et même les expressions de la première,
» on insérerait ce qui lui manque du côté
» des détails. » Cette lettre, signée par sœur
Louise du Saint-Sacrement, parut à Avignon
en 1787. C'est elle qui nous a grandement
servi à « ressusciter » un instant la figure de
sœur Thaïs-Félicité de la Miséricorde.

EPILOGUE

Le comté de Rupelmonde et la baronnie de Wissekercke firent, nous l'avons vu, retour au fils d'Aurélie de Lens et de Guillaume de la Kéthulle, Antoine-Désiré. L'héritage était grevé de gros douaires en faveur des comtesses de Rupelmonde, et Antoine-Désiré, déjà âgé, ne se soucia sans doute pas beaucoup d'embarrasser sa vieillesse du fardeau de longs procès. Il céda et transporta le comté de Rupelmonde à son fils Maximilien, dès le 30 mars 1748. Le nouveau seigneur de Rupelmonde épousa, le 2 décembre de l'année suivante, Marie-Thérèse-Colette-Ghislaine de Brouchoven de Bergeyck et, selon l'espèce de *jettatoria* qui s'attachait à tous les possesseurs de Rupelmonde, il mourut en pleine fleur d'âge en 1758. Il n'avait point d'enfants et fit son héritier Jean-Juste de la Kéthulle,

né en 1696, fils de son oncle Ferdinand-
Philippe. Jean-Juste releva le titre de comte
de Rupelmonde, mais n'en eut jamais la
confirmation légale. Il mourut sans alliance,
ainsi que son frère Frédéric-Ignace qui fut
le dernier à prendre le nom de Rupelmonde
et après eux le comté passa à leur arrière-
petit neveu, Philippe Vilain XIIII, fils d'Anne-
Marie - Colette de Ghellinck, femme de
Philippe-Matthieu, vicomte Vilain XIIII, et
fille elle-même de Louis-Charles de Ghellinck,
seigneur de Potteghem et de Marie-Eléonore-
Françoise de Ghellinck, fille de Matthieu-Xa-
vier, seigneur de Nokeren, chevalier du Saint-
Empire, et d'Anne-Françoise de la Kéthulle.

Le château de Rupelmonde n'était plus
alors qu'un amas de ruines, une carrière
abandonnée aux habitants du bourg. En 1817,
de ces débris, le baron de Fels éleva une
haute tour, et aujourd'hui, au touriste qui
arrive par l'Escaut à Rupelmonde, le petit
bourg avec ses maisons en briques, ses
toits de tuiles étroitement groupés à l'ombre
de la haute tour et près du joli clocher —
rouge aussi — de l'église, apparaît dans une
matinée de printemps après les digues uni-

formémènt vertes et uniformément couvertes
de saules argentées, comme une joyeuse jetée
de coquelicots. Tout y parle d'abondance,
de travail, de paix. Nul reste des funèbres
souvenirs du xvii⁰ siècle. La haute tour
carrée qui se profile dans le ciel n'est plus
un château ; elle rappelle seulement qu'à
l'industrieuse bourgade flamande se lient
des grandeurs et des douleurs, des honneurs,
des rêves et des déceptions dont nous avons
essayé de faire, un moment, revivre le
souvenir.

FIN

TABLE DES MATIÈRES

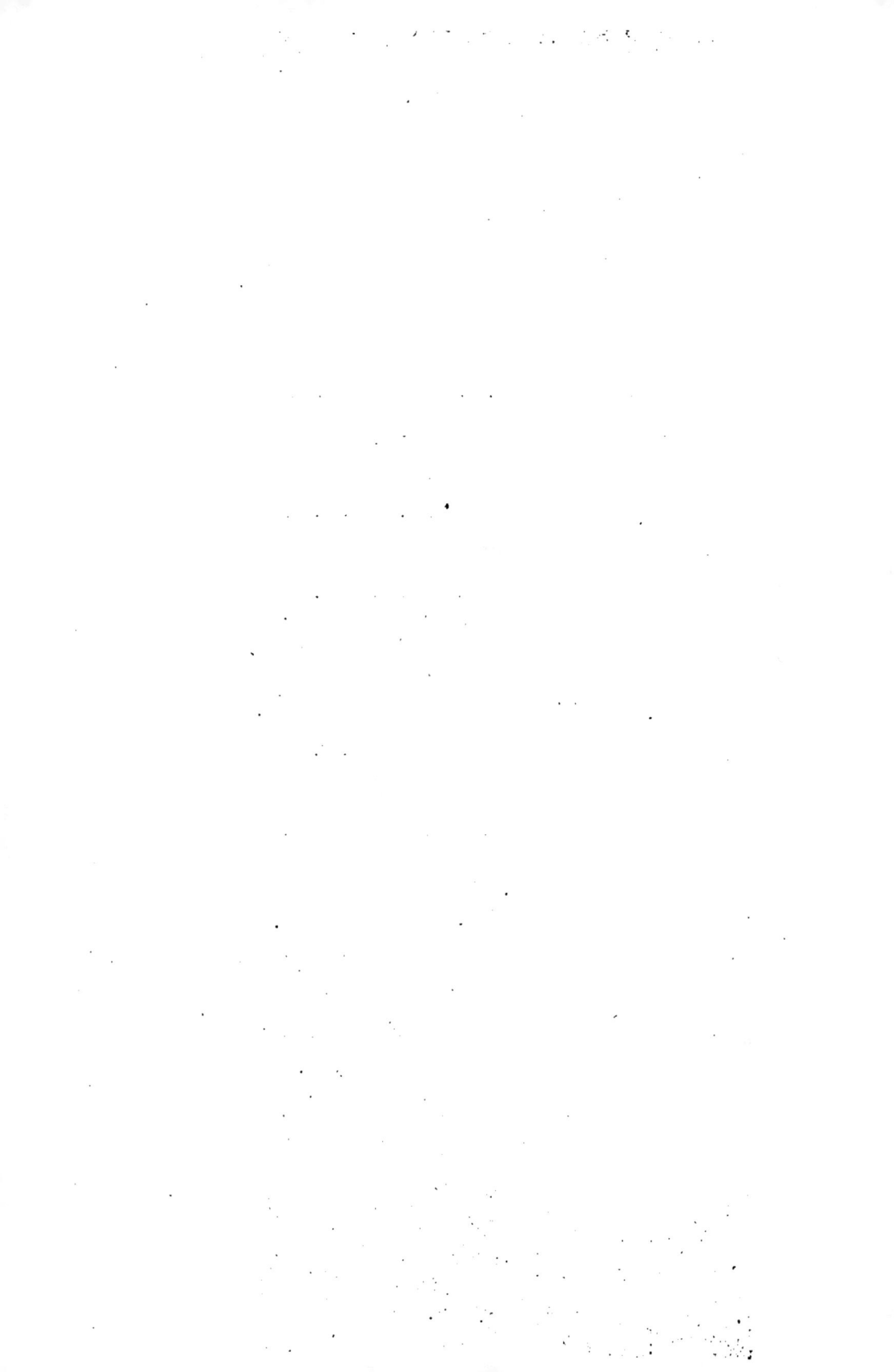

www.ingramcontent.com/pod-product-compliance
Lightning Source LLC
Chambersburg PA
CBHW060138200326
41518CB00008B/1070